粮经作物水肥一体化
实用技术

LIANGJING ZUOWU
SHUIFEI YITIHUA
SHIYONG JISHU

宋志伟　张德君　主编

U0248747

化学工业出版社

·北京·

图书在版编目（CIP）数据

粮经作物水肥一体化实用技术/宋志伟，张德君主编. —北京：
化学工业出版社，2018.3
ISBN 978-7-122-31522-9

Ⅰ.①粮…　Ⅱ.①宋…　②张…　Ⅲ.①粮食作物-肥水管理
Ⅳ.①S510.71 ②S365

中国版本图书馆 CIP 数据核字（2018）第 029611 号

责任编辑：邵桂林　　　　　　　　文字编辑：汲永臻
责任校对：宋　夏　　　　　　　　装帧设计：王晓宇

出版发行：化学工业出版社（北京市东城区青年湖南街 13 号　邮政编码 100011）
印　　刷：北京京华铭诚工贸有限公司
装　　订：北京瑞隆泰达装订有限公司
850mm×1168mm　1/32　印张 8½　字数 225 千字
2018 年 5 月北京第 1 版第 1 次印刷

购书咨询：010-64518888（传真：010-64519686）　售后服务：010-64518899
网　　址：http://www.cip.com.cn
凡购买本书，如有缺损质量问题，本社销售中心负责调换。

定　　价：35.00 元　　　　　　　　　　版权所有　违者必究

编写人员 名单

主　　编　宋志伟　张德君

副 主 编　郭永涛　贾　佳

编写人员　宋志伟　张德君　郭永涛

　　　　　　贾　佳　郭江琳　魏凤玲

　　　　　　朱卫东

前言
Foreword

目前，水肥一体化技术在世界上被公认为是提高水肥资源利用率的最佳技术，水肥一体化技术于1960年左右始于以色列。2012年国务院印发《国家农业节水纲要（2012～2020）》，强调要积极发展水肥一体化；2013年3月农业部下发《水肥一体化技术指导意见》，全国农技中心把水肥一体化列为"一号技术"加以推广，并在蔬菜、果树、花卉和半干旱地区的作物上得到不同程度的应用，在北京、天津、河北、山东、河南、广东、广西、内蒙古等地的应用面积逐年扩大。

粮经作物水肥一体化技术是借助压力系统（或地形自然落差），按土壤养分含量和作物种类的需肥规律和特点，将可溶性固体或液体肥料配兑成的肥液与灌溉水一起相融后，通过管道和滴喷头形成滴喷灌，均匀、定时、定量地浸润作物根系，满足作物生长需要。该技术具有"水肥均衡、省工省时、节水省肥、减轻病害、控温调湿、增加产量、改善品质、效益显著"等特点。水肥一体化技术工程投资（包括管路、施肥池、动力设备等）约为1000元/亩，可以使用5年左右，比常规施肥可减少50%～70%的肥料用量，水量也只有沟灌的30%～40%，每年节省的肥料和农药至少为700元，增产幅度可达30%以上。

为更好地推广粮经作物水肥一体化技术，使读者更好地掌握和应用该项技术，我们联合灌溉技术和肥料技术等方面专家编写了这本《粮经作物水肥一体化实用技术》。本书主要介绍了水肥一体化技术的主要设备、水肥一体化技术的规划设计、水肥一体化技术的设备安装与调试、水肥一体化系统操作与维护、水肥一体化技术的灌溉施肥制度、粮食作物（小麦、玉米、大豆、马铃薯等）水肥一体化技术应用、经济作物（棉花、油菜、甘蔗、茶树等）水肥一体化技术应用等内容，具体作物水肥一体化技术应用主要从作物需水规律与灌溉方式、作物不同生态区水肥一体化技术应用等方面入手，以我国目前推广应用较好的地区作为案例介绍，希望对其他地区建设该项目有所帮助。该书适合灌溉企业、肥料企业、农业技术推广部门等的技术与管理人员及专业种植户阅读，也可作为各层次科技人员及科研院所技术人员的参考用书。

本书由宋志伟、张德君主编，郭永涛、贾佳副主编，朱卫东、魏凤玲、郭江琳参加编写，全书由宋志伟教授进行统稿。本书在编写过程中得到化学工业出版社、河南农业职业学院、中国农业科学院农田灌溉研究所、开封市能源站、商丘市梁园区农业局、开封市种子管理站、兰考县植保站、兰考县农技推广中心等单位领导和有关人员的大力支持，在此表示感谢。本书在编写过程中参考引用了许多文献资料，在此谨向其作者深表谢意。由于我们水平有限，书中难免存在疏漏和不妥之处，敬请专家、同行和广大读者批评指正。

编者
2018 年 3 月

目 录
CONTENTS

第一章 水肥一体化技术简介 ………………………………… 1

第一节 水肥一体化技术发展 ………………………………… 1
一、水肥一体化技术概述 ………………………………… 1
二、水肥一体化技术发展概况 …………………………… 3
第二节 水肥一体化技术特点 ………………………………… 7
一、水肥一体化技术优点 ………………………………… 7
二、水肥一体化技术缺点 ………………………………… 10
第三节 水肥一体化技术各种系统特点 ……………………… 12
一、滴灌技术特点 ………………………………………… 12
二、微喷灌技术特点 ……………………………………… 14
三、喷灌技术特点 ………………………………………… 16
第四节 水肥一体化技术系统组成 …………………………… 18
一、微灌系统的组成和分类 ……………………………… 18
二、喷灌系统的组成和分类 ……………………………… 24
第五节 水肥一体化技术应用前景 …………………………… 32
一、推广水肥一体化技术的必要性 ……………………… 32
二、水肥一体化技术推广应用存在的问题 ……………… 34
三、水肥一体化技术的发展方向 ………………………… 36

第二章 水肥一体化技术的主要设备 ………………… 38

第一节 水肥一体化技术的首部枢纽 ………………………… 38
一、加压设备 ……………………………………………… 38
二、过滤设备 ……………………………………………… 45
三、控制和测量设备 ……………………………………… 56
第二节 水肥一体化技术的施肥设备 ………………………… 62
一、压差施肥罐 …………………………………………… 62

二、文丘里施肥器 ·· 65

三、重力自压式施肥法 ·· 71

四、泵吸肥法 ·· 72

五、泵注肥法 ·· 73

六、注射泵 ··· 73

第三节　水肥一体化技术的输配水管网 ······················ 77

一、喷灌的管道与管件 ·· 77

二、微灌的管道与管件 ·· 82

第四节　水肥一体化技术的灌水器 ····························· 84

一、喷灌喷头 ·· 85

二、微灌灌水器 ·· 94

第三章　水肥一体化技术的规划设计 ···················· 103

第一节　水肥一体化技术的信息采集与设计 ·············· 103

一、项目实施单位信息采集 ····································· 103

二、田间数据采集 ·· 105

三、绘制田间布局图 ··· 106

四、造价预算 ··· 106

第二节　水肥一体化智能灌溉系统设计 ····················· 107

一、水肥一体化智能灌溉系统概述 ··························· 107

二、水肥一体化智能灌溉系统总体设计方案 ··············· 108

第四章　水肥一体化技术的设备安装与调试 ········· 117

第一节　首部设备安装与调试 ·································· 117

一、负压变频供水设备安装 ····································· 117

二、离心自吸泵安装 ··· 117

三、潜水泵安装 ·· 118

四、山地微蓄水肥一体化 ··· 119

第二节　管网设备安装与调试 ·································· 121

一、平地管网 ··· 121

二、山地管网 ··· 126

第三节　微灌设备安装与调试 ……………………………… 126
　一、微喷灌的安装与调试 …………………………………… 126
　二、滴灌设备安装与调试 …………………………………… 129

第五章　水肥一体化系统操作与维护 ………………… 132

第一节　水肥一体化系统操作 ……………………………… 132
　一、运行前的准备 …………………………………………… 132
　二、灌溉操作 ………………………………………………… 133
　三、施肥操作 ………………………………………………… 134
　四、轮灌组更替 ……………………………………………… 145
　五、结束灌溉 ………………………………………………… 145
第二节　水肥一体化系统的维护保养 ……………………… 145
　一、水源工程 ………………………………………………… 145
　二、水泵 ……………………………………………………… 146
　三、动力机械 ………………………………………………… 146
　四、管道系统 ………………………………………………… 146
　五、过滤系统 ………………………………………………… 146
　六、施肥系统 ………………………………………………… 147
　七、田间设备 ………………………………………………… 148
　八、预防滴灌系统堵塞 ……………………………………… 148
　九、细小部件的维护 ………………………………………… 149

第六章　水肥一体化技术的灌溉施肥制度 ………… 150

第一节　水肥一体化技术的灌溉制度 ……………………… 150
　一、水肥一体化技术灌溉制度的有关参数 ………………… 150
　二、水肥一体化技术灌溉制度的制定 ……………………… 153
　三、农田水分管理 …………………………………………… 156
第二节　水肥一体化技术的肥料选择 ……………………… 162
　一、水肥一体化技术下的肥料品种与选择 ………………… 162
　二、配制氮磷钾储备液 ……………………………………… 174
第三节　水肥一体化技术的施肥制度 ……………………… 179

一、土壤养分检测 ·· 179

二、植物养分检测 ·· 181

三、施肥方案制订 ·· 185

第四节　水肥一体化技术中肥料配制与浓度控制 ············ 188

一、水肥一体化技术中肥料配制 ························ 188

二、水肥一体化技术设备运行中的肥料浓度控制 ······ 190

三、其他相关的计算公式和方法 ························ 193

第七章　粮食作物水肥一体化技术应用 ···················· 195

第一节　小麦水肥一体化技术应用 ························· 195

一、小麦需水规律与灌溉方式 ·························· 196

二、冬小麦滴灌水肥一体化栽培技术 ·················· 196

三、冬小麦测墒与微喷水肥一体化技术 ················ 200

四、春小麦滴灌水肥一体化栽培技术 ·················· 205

第二节　玉米水肥一体化技术应用 ························· 207

一、玉米需水规律与灌溉方式 ·························· 207

二、华北地区夏玉米水肥一体化技术应用 ·············· 208

三、东北地区春玉米水肥一体化技术应用 ·············· 211

四、西北地区春玉米水肥一体化技术应用 ·············· 214

五、华南地区甜玉米水肥一体化技术应用 ·············· 216

六、西北地区制种玉米水肥一体化技术应用 ············ 218

第三节　马铃薯水肥一体化技术应用 ······················ 219

一、马铃薯需水规律与灌溉方式 ························ 219

二、东北地区马铃薯膜下滴灌水肥一体化技术应用 ······ 221

三、西北地区马铃薯滴灌水肥一体化技术应用 ·········· 224

第四节　大豆水肥一体化技术应用 ························· 228

一、大豆需水规律与灌溉方式 ·························· 228

二、大豆滴灌水肥一体化技术应用 ······················ 229

第八章　经济作物水肥一体化技术应用 ···················· 233

第一节　棉花水肥一体化技术应用 ························· 233

一、棉花需水规律与灌溉方式 ·················· 233

二、新疆棉花膜下滴灌水肥一体化技术应用 ·············· 235

三、黄河流域棉花膜下滴灌水肥一体化技术应用 ·········· 238

四、甘肃省棉花滴灌水肥一体化技术应用 ············· 240

第二节 油菜水肥一体化技术应用 ················ 243

一、油菜需水规律与灌溉方式 ················· 243

二、油菜水肥一体化技术的灌溉制度 ·············· 244

三、油菜水肥一体化技术施肥制度 ··············· 245

第三节 甘蔗水肥一体化技术应用 ················ 247

一、甘蔗需水规律与灌溉方式 ················· 247

二、甘蔗地埋式滴灌水肥一体化技术应用 ············ 249

第四节 茶树水肥一体化技术应用 ················ 251

一、茶树需水规律与灌溉方式 ················· 252

二、茶树滴灌水肥一体化技术应用 ··············· 254

参考文献 ······························ 258

第一章 水肥一体化技术简介

第一节
水肥一体化技术发展

水肥一体化技术是集节水灌溉和高效施肥于一体的现代农业生产综合水肥管理措施，具有显著的节水、节肥、省工、优质、高效、环保等优点，已广泛应用于粮食作物和经济作物生产中。

一、水肥一体化技术概述

我国是一个水资源匮乏的国家，人均淡水资源占有量为世界第109位，约为世界平均水平的1/4，人均占用量仅为2300立方米，单位耕地灌溉用水只有178米^3/亩❶，而且在时空分布上极为不均匀，旱灾频繁，降水不均匀。同时，我国是化肥生产和使用大国，据国家统计局数据，2013年化肥生产量7037万吨（折纯），农用化肥施用量5912万吨。由于施肥的不科学，我国的肥料利用率不高，据2005年以来全国11788个"3414"试验数据表明，现阶段我国小麦氮肥利用率为28.8%、玉米氮肥利用率为30.4%、水稻氮肥利用率为32.3%，距一般发达国家的氮肥利用率40%～60%

---

❶ 1亩≈667平方米。

的水平有很大差距，而磷肥、钾肥等肥料利用率与发达国家的差距更大。2015年农业部制定了《到2020年化肥使用量零增长行动方案》，力争到2020年主要作物化肥使用量实现零增长，盲目施肥和过量施肥现象基本得到遏制，传统施肥方式得到改变。其中，水肥一体化技术推广面积1.5亿亩，增加8000万亩。从2015年起，主要作物肥料利用率平均每年提升1个百分点以上，力争到2020年主要作物肥料利用率达到40%以上。因此，寻求最佳的水肥管理措施来提高水肥资源利用率，对于解决目前资源短缺、提高资源利用率意义重大，也是发展现代农业、促进农业生产可持续发展的重要保障。

水分和养分的合理调节与平衡供应是作物增产的最关键因子，然而传统的灌溉和施肥是分开进行的。从施肥来看，传统的施肥方法如撒施、集中施、分层施用、叶面施用等肥料利用率都很低；从灌水来看，传统的方式是大水漫灌、沟灌等，水分利用效率也较低。在水肥供给作物生长的过程中，最有效的供应方式是实现水肥同步供给，充分发挥两者的相互作用，在供给作物水分的同时最大限度地发挥肥料的作用，实现水肥同步供应，即水肥一体化技术。

水肥一体化技术也称为灌溉施肥技术，是将灌溉与施肥融为一体的农业新技术，是精确施肥与精确灌溉相结合的产物。它是借助压力系统（或地形自然落差），根据土壤养分含量和作物种类的需肥规律及特点，将可溶性固体或液体肥料配制成肥液，与灌溉水一起，通过可控管道系统均匀、准确地输送到作物根部土壤，浸润作物根系发育生长区域，使主根根系土壤始终保持疏松和适宜的含水量。通俗地讲，就是将肥料溶于灌溉水中，通过管道在浇水的同时施肥，将水和肥料均匀、准确地输送到作物根部土壤中（图1-1）。

水肥一体化技术在国外用一个特定的词描述，叫"fertigation"，是由"fertilization（施肥）"和"irrigation（灌溉）"两个词汇组合而成的，意为灌溉和施肥结合的一种技术。国内根据英文字意翻译成"水肥一体化""灌溉施肥""加肥灌溉""水肥耦合""随水施肥""管道施肥""肥水灌溉""肥水同灌"等，"水肥一体化技术"

图 1-1 小麦微喷灌水肥一体化技术应用

目前被广泛接受。针对具体灌水方式，又可分为水渠灌溉、管道灌溉、喷灌、微喷灌、泵加压滴灌、重力滴灌、渗灌等形式。水渠灌溉最为简单，对肥料要求不高，但这种灌溉方式不利于节水节肥；微喷灌、滴灌是根据作物需水、需肥量和根系分布进行最精确的供水、供肥，不受风力等外部条件限制；喷灌相对来说没有滴灌施肥适应性广。故狭义的水肥一体化技术也称滴灌施肥或微喷灌施肥。

二、水肥一体化技术发展概况

1. 国外水肥一体化技术的发展历史

水肥一体化技术是人类智慧的结晶，是生产力不断发展的产物，它的发展经历了很长的历史。水肥一体化技术起源于无土栽培技术。早在 18 世纪，英国科学家 John Woodward 利用土壤提取液配制了第一份水培营养液。后来水肥一体化技术经过了 3 个阶段的发展。

（1）营养液栽培技术阶段 1859 年，德国著名科学家 Sachs 和 Knop 提出了使植物生长良好的第一个营养液的标准配方，并用此营养液培养植物，该营养液直到今天还在使用。之后，营养液栽培的含义扩大了，在充满营养液的砂、砾石、蛭石、珍珠岩、稻壳、炉渣、岩棉、蔗渣等非天然土壤基质材料做成的种植床上种植植物均称为营养液栽培，因其不用土壤，故称无土栽培。1920年，营养液的制备达到标准化，但这些都是在实验室内进行的试验，尚未应用于生产。1929年，美国加利福尼亚大学的 W. F. Gericke 教授，利用营养液成功地培育出一株高7.5米的番茄，采收果实14千克，引起了人们极大的关注，被认为是无土栽培技术由试验转向实用化的开端，作物栽培终于摆脱自然土壤的束缚，可进入工厂化生产。

（2）无土栽培技术阶段　19世纪中期到20世纪中期无土栽培商业化生产，水肥一体化技术初步形成。无土栽培技术日臻成熟，并逐渐商业化。无土栽培的商业化生产开始于荷兰、意大利、英国、德国、法国、西班牙、以色列等国家。之后，墨西哥、科威特及中美洲、南美洲、撒哈拉沙漠等土地贫瘠、水资源稀少的地区也开始推广无土栽培技术。

（3）水肥一体化技术成熟阶段　20世纪中期至今是水肥一体化技术快速发展的阶段。20世纪50年代，以色列内盖夫沙漠中哈特泽里姆基布兹的农民偶然发现水管渗漏处的庄稼长得格外好，后来经过试验证明，滴渗灌溉是减少蒸发、高效灌溉及控制水肥农药最有效的方法。随后以色列政府大力支持实施滴灌，1964年成立了著名的耐特菲姆公司。以色列从落后农业国实现向现代工业国的迈进，主要得益于滴灌技术。与喷灌和沟灌相比，应用滴灌的番茄产量增加了1倍，黄瓜产量增加了2倍。以色列应用滴灌技术以来，全国农业用水量没有增加，农业产出却较之前翻了5番。

耐特菲姆公司生产的第一代滴灌系统设备是用一流量计量仪控制塑料管子中的单向水流，第二代产品是引用了高压设备控制水流，第三、第四代产品开始配合计算机使用。自20世纪60年代以来，以色列开始普及水肥一体化技术，全国43万公顷耕地中大约有20万公顷应用加压灌溉系统。由于管道和滴灌技术的成功，全国灌溉面积从 16.5 亿平方米增加到 22 亿~25 亿平方米，耕地从 16.5 亿平方米增加到 44 亿平方米。据称，以色列的滴灌技术已经发展到第六代。果树、花卉和温室作物都是采用水肥一体化灌溉施肥技术，而大田蔬菜和大田作物有些是全部利用水肥一体化灌溉施肥技术，有些只是一定程度上应用，这取决于土壤本身的肥力和基肥应用科学。在喷灌、微喷灌等微灌系统中，水肥一体化技术对作物也有很显著的作用。随着喷灌系统由移动式转为固定式，水肥一体化技术也被应用到喷灌系统中。20 世纪 80 年代初期，水肥一体化技术被应用到自动推进机械灌溉系统中。

2. 我国水肥一体化技术的发展概况

我国农业灌溉有着悠久的历史，但是大多采用大水漫灌和串畦淹灌的传统灌溉方法，水资源的利用率低，不仅浪费了大量的水资源，同时作物的产量提高得也不明显。我国水肥一体化技术的发展始于 1974 年，随着微灌技术的推广应用，水肥一体化技术不断发展，大体经历了以下 3 个阶段。

第一阶段（1974—1980 年）：引进滴灌设备，并进行国产设备研制与生产，开展微灌应用试验。1980 年我国第一代成套滴灌设备研制生产成功。

第二阶段（1981—1996 年）：引进国外先进工艺技术，国产设备规模化生产基础逐渐形成。微灌技术由应用试点到较大面积推广，微灌试验研究取得了丰硕成果，在部分微灌试验研究中开始进行灌溉施肥内容的研究。

第三阶段（1996 年至今）：灌溉施肥的理论及应用技术日趋被重视，技术研讨和技术培训大量开展，水肥一体化技术大面积推广。

自 20 世纪 90 年代中期以来，我国微灌技术和水肥一体化技术迅速推广。水肥一体化技术已经由过去局部试验示范发展为大面积推广应用，辐射范围由华北地区扩大到西北干旱区、东北寒温带和华南亚热带地区，覆盖了设施栽培、无土栽培，以及蔬菜、花卉、苗木、大田经济作物等多种栽培模式和作物。在经济发达地区，水肥一体化技术水平日益提高，涌现了一批设备配置精良、专家系统智能自动控制的大型示范工程。部分地区因地制宜实施的山区滴灌施肥、西北半干旱和干旱区协调配置日光温室集雨灌溉系统、窖水滴灌、瓜类栽培吊瓶滴灌施肥、华南地区利用灌溉注入有机肥液等技术形式，使灌溉施肥技术日趋丰富和完善。大田作物灌溉施肥最成功的例子是新疆的棉花膜下滴灌。1996 年，新疆引进了滴灌技术，经过 3 年的试验研究，成功地研究开发了适合大面积农田应用的低成本滴灌带。1998 年新疆开展了干旱区棉花膜下滴灌综合配套技术研究与示范，成功地研究了与滴灌技术相配套的施肥和栽培管理技术，即利用大功率拖拉机将开沟、施肥、播种、铺设滴灌带和覆膜一次性完成，在棉花生长过程中，通过滴灌控制系统适时完成灌溉和追肥。

灌溉施肥应用与理论研究逐渐深入，由过去侧重土壤水分状况、节水和增产效益试验研究逐渐发展到灌溉施肥条件下水肥结合效应、对作物生理和产品品质影响、养分在土壤中运移规律等方面的研究；由单纯注重灌溉技术、灌溉制度逐渐发展到对灌溉与施肥的综合运用技术的研究。例如，对滴灌施肥条件下硝态氮和铵态氮分布规律的研究，对膜下滴灌土壤盐分特性及影响因素的研究以及关于溶质转化运移规律的研究和 $NH_4^+ - N$ 转化迁移规律的研究等。我国的水肥一体化技术总体水平，已从 20 世纪 80 年代的初级阶段发展和提高到中级阶段。其中，部分微灌设备产品性能、大型现代温室装备和自动化控制已基本达到目前国际先进水平。微灌工程的设计理论及方法已接近世界先进水平，微灌设备产品和微灌工程技术规范，特别是条款的逻辑性、严谨性和可操作性等方面，已跃居世界领先水平。1982 年我国加入国际灌排委员会，并成为世界微灌组织成员之一，我国加强国际技术交流，重视微灌技术管理、微灌工程规划设计等的培训，培养了一大批水肥一体化技术推广管理及工程设计骨干和高学位人才。

但是，从技术应用的角度分析，我国水肥一体化技术推广缓慢。首先，只关注了节水灌溉设备，水肥结合理论与应用研究成果较少；其次，我国灌溉施肥系统管理水平较低，培训宣传不到位，基层农技人员和农民对水肥一体化技术的应用不精通；再次，应用水肥一体化技术的面积所占比例小，深度不够；最后，某些微灌设备产品，特别是首部配套设备的质量与国外同类先进产品相比仍存在着较大差距。

第二节
水肥一体化技术特点

　　"有收无收在于水""收多收少在于肥"，这两句农谚精辟地阐述了水和肥在种植业中的重要性及其相互关系。水肥一体化技术从传统的"浇土壤"改为"浇作物"，是一项集成的高效节水、节肥技术，不仅节约水资源，而且提高肥料利用率。应用水肥一体化技术，可根据不同作物的需肥特点、土壤环境、养分含量状况以及不同生长期的需水量，进行全生育期需求设计，把水分和养分定时、定量按比例直接提供给作物，可以方便地控制灌溉时间、肥料用量、养分浓度和营养元素间的比例。水肥一体化技术的大面积推广应用成功，带给我国农业乃至世界农业的将是一个大大的"惊叹号"。

一、水肥一体化技术优点

　　水肥一体化技术与传统地面灌溉和施肥方法相比，具有以下优点。

1. 节水效果明显

　　水肥一体化技术可减少水分的下渗和蒸发，提高水分利用率。采用传统的灌溉方式，水分利用率只有 45% 左右，灌溉用水的一半以上流失或浪费，而喷灌的水分利用率约为 75%，滴灌的水分利用率可达 95%。在露天条件下，微灌施肥与大水漫灌相比，节水率达 50％左右。保护地栽培条件下，滴灌与畦灌相比，每亩大棚一季节水 80～120 立方米，节水率为 30％～40％。

2. 节肥增产效果显著

利用水肥一体化技术可以方便地控制灌溉时间、肥料用量，实现了平衡施肥和集中施肥。与常规施肥相比，水肥一体化的肥料用量是可量化的，作物需要多少施多少，同时将肥料直接施于作物根部，既加快了作物吸收养分的速度，又减少了挥发、淋失所造成的养分损失。水肥一体化技术具有施肥简便、施肥均匀、供肥及时、作物易于吸收、提高肥料利用率等优点。据调查，常规施肥的肥料利用率只有 30％～40％，滴灌施肥的肥料利用率达 80％以上。在田间滴灌施肥系统下种植棉花，氮肥利用率可达 90％以上、磷肥利用率达到 70％、钾肥利用率达到 95％。肥料利用率的提高意味着施肥量减少，从而节省了肥料，在作物产量相近或相同的情况下，水肥一体化技术与常规施肥技术相比可节省化肥 30％～50％，并增产 10％以上。

3. 减轻病虫草害发生

水肥一体化技术有效地减少了灌水量和水分蒸发，提高了土壤养分有效性，促进了根系对营养的吸收储备，还降低了土壤湿度和空气湿度，抑制了病菌、害虫的产生、繁殖和传播，并抑制了杂草生长，在很大程度上减少了病虫草害的发生，因此，也减少了农药的投入和防治病虫草害的劳力投入，与常规施肥相比利用水肥一体化技术每亩农药用量可减少 15％～30％。

4. 降低生产成本

水肥一体化技术是管网供水，操作方便，便于自动控制，减少了人工开沟、撒肥等过程，因而可明显节省施肥劳力；灌溉是局部灌溉，大部分地表保持干燥，减少了杂草的生长，也就减少了用于除草的劳动力；由于水肥一体化可减少病虫害的发生，减少了用于防治病虫害、喷药等的劳动力；水肥一体化技术实现了耕地无沟、无渠、无埂，大大减少了水利建设的工程量。

5. 改善作物品质

水肥一体化技术适时、适量地供给作物不同生育期生长所需的养分和水分，明显改善了作物的生长环境条件，因此，可促进作物增产，提高农产品的外观品质和营养品质；应用水肥一体化技术种植的作物有生长整齐一致、定植后生长恢复快、提早收获、收获期长、丰产优质、对环境气象变化适应性强等优点；通过水肥的控制可以根据市场需求提早供应市场或延长供应市场。

6. 便于农作管理

水肥一体化技术只湿润作物根区，其行间空地保持干燥，因而即使是灌溉的同时，也可以进行其他农事活动，减少了灌溉与其他农作的相互影响。

7. 改善土壤微生态环境

采用水肥一体化技术可明显降低大棚内空气湿度和提高棚内温度，滴灌施肥与常规畦灌施肥相比地温可提高 $2.7℃$，有利于增强土壤微生物活性，促进作物对养分的吸收；有利于改善土壤物理性质，滴灌施肥克服了因灌溉造成的土壤板结，土壤容重降低、孔隙度增加，有效地调控土壤根系的水渍化、盐渍化、土传病害等障碍。水肥一体化技术可严格控制灌溉用水量、化肥施用量、施肥时间，不破坏土壤结构，防止化肥和农药淋洗到深层土壤，造成土壤和地下水的污染，同时可将硝酸盐产生的农业面源污染降到最低程度。

8. 便于精确施肥和标准化栽培

水肥一体化技术可根据作物营养规律有针对性地施肥，做到"缺什么补什么"，实现精确施肥；可以根据灌溉的流量和时间，准确计算单位面积所用的肥料数量。微量元素通常应用螯合态的，价格昂贵，而通过水肥一体化可以做到精确供应，提高肥料利用率，降低微量元素肥料施用成本。水肥一体化技术的采用有利于实现标准化栽培，是现代农业中的一项重要技术措施。在一些地区的作物标准化栽培手册中，已将水肥一体化技术作为标准措施推广应用。

9. 适应恶劣环境和多种作物

采用水肥一体化技术可以使作物在恶劣的土壤环境下正常生长。如沙丘或沙地，因持水能力差，水分基本没有横向扩散，传统的灌水容易深层渗漏，作物难以生长，采用水肥一体化技术，可以保证作物在这些条件下正常生长。利用水肥一体化技术可以在土层薄、贫瘠、含有惰性介质的土壤上种植作物并获得最大的增产潜力，能够有效地利用开发丘陵地、山地、砂石、轻度盐碱地等边缘土地。

目前，水肥一体化技术在粮食作物和经济作物上应用的主要有棉花、小麦、玉米、油菜、茶叶、烟草、马铃薯、甘蔗等。

二、水肥一体化技术缺点

水肥一体化技术是一项新兴技术，而且我国土地类型多样化，各地农业生产发展水平、土壤结构及养分间有很大的差别，用于灌溉施肥的化肥种类参差不一，因此，水肥一体化技术在实施过程中还存在如下诸多缺点。

1. 易引起堵塞，系统运行成本高

灌水器的堵塞是当前水肥一体化技术应用中最主要的问题，也是目前必须解决的关键问题。引起堵塞的原因有化学因素、物理因素，有时生物因素也会引起堵塞。如磷酸盐类化肥，在适宜的 pH 条件下容易发生化学反应产生沉淀；对 pH 超过 7.5 的硬水，钙或镁会留在过滤器中；当碳酸钙的饱和指标大于 0.5 且硬度大于 300 毫克/升时，也存在堵塞的危险；在南方一些井水灌溉的地方，水中的铁质诱发的铁细菌也会堵塞滴头；藻类植物、浮游动物也是堵塞物的来源，严重时会使整个系统无法正常工作，甚至报废。因此，灌溉时水质要求较严，一般均应经过过滤，必要时还需经过沉淀和化学处理。用于灌溉系统的肥料应详细了解其溶解度等物理、化学性质，对不同类型的肥料应有选择地施用。在系统安装、检修过程中，若采取的方法不当，管道屑、锯末或其他杂质可能会从不

同途径进入管网系统引起堵塞。对于这种堵塞，首先要加强管理，在安装、检修后应及时用清水冲洗管网系统，同时要加强过滤设备的维护。

2. 引起盐分积累，污染水源

当在含盐量高的土壤上进行滴灌或是利用咸水灌溉时，盐分会积累在湿润区的边缘，如遇到小雨，这些盐分可能会被冲到作物根际区域而引起盐害，这时应继续进行灌溉；但在雨量充沛的地区，雨水可以淋洗盐分。在没有充分冲洗条件的地方或是秋季无充足降雨的地方，则不要在高含盐量的土壤上进行灌溉或利用咸水灌溉。施肥设备与供水管道连通后，若发生特殊情况，如事故、停电等，系统内会出现回流现象，这时肥液可能被带到水源处。另外，当饮用水与灌溉水用同一主管网时，如无适当措施，肥液可能进入饮用水管道，对水源造成污染。

3. 限制根系发展，降低作物抵御风灾能力

由于灌溉施肥技术只湿润部分土壤，加之作物的根系有向水性，这样就会引起作物根系集中向湿润区生长。对于多年生作物来说，滴头位置附近根系密度增加，而非湿润区根系因得不到充足的水分供应其生长会受到一定程度的影响，尤其是在干旱、半干旱的地区，根的分布与滴头有着密切的联系，应用灌溉施肥技术时，应正确地布置灌水器。对于高大木本作物来说，少灌、勤灌的灌水方式会导致其根系分布变浅，在风力较大的地区可能产生拔根危害。

4. 工程造价高，维护成本高

与地面灌溉相比，滴灌一次性投资和运行费用相对较高，其投资与作物种植密度和自动化程度有关，作物种植密度越大投资就越大，反之越小。根据测算，大田采用水肥一体化技术每亩投资在400~1500元，而温室的投资比大田更高。使用自动控制设备会明显增加资金的投入，但是可降低运行管理费用，减少劳动力的成本，选用时可根据实际情况而定。

第三节
水肥一体化技术各种系统
特点

水肥一体化技术是借助于灌溉系统实现的。要合理地控制施肥的数量和浓度，必须选择合适的灌溉设备和施肥器械。常用的设施灌溉有喷灌、微喷灌和滴灌，微喷灌和滴灌简称微灌。

一、滴灌技术特点

滴灌是指按照作物需求，将具有一定压力的水过滤后经管网和出水通道（滴灌带）或滴头以水滴的形式缓慢而均匀地滴入植物根部附近土壤的一种灌水技术。滴灌适应于黏土、砂壤土、轻壤土等，也适应各种复杂地形。

1. 滴灌的优点
相对于地面灌溉和喷灌，滴灌具有以下优点。

（1）提高水分利用率　滴灌可根据作物的需要精确地进行灌溉，一般比地面灌溉节约用水 30%～50%，有些作物可达 80% 左右，比喷灌省水 10%～20%。

（2）提高肥料利用率　滴灌系统可以在灌水的同时进行施肥，而且可根据作物的需肥规律与土壤养分状况进行精确施肥和平衡施肥，同时滴灌施肥能够直接将肥液输送至作物主要根系活动层范围内，作物吸收养分快又不产生淋洗损失，减少对地下水的污染。因此滴灌系统不仅能够提高作物产量，而且可以大大减少施肥量，提高肥效。

（3）易于实现自动化　滴灌系统比其他任何灌溉系统更便于实现自动化控制。滴灌在经济价值高的经济作物区或劳力紧张的地区实现自动化，可提高设备利用率，大大节省劳动力，减少操作管理费用，同时可更有效地控制灌溉、施肥数量，减少水肥浪费。

（4）降低能耗，减少投资　滴灌系统为低压灌水系统，不需要太高的压力，比喷灌更易实现自压灌溉，而且滴灌系统流量小，降低了泵站的能耗，减少了运行费用。其次，滴灌系统采用管道的管径也较喷灌和微喷灌小，要求工作压力低，管道投资相对较低。

（5）对地形适应能力强　由于滴灌毛管比较柔软，而且滴头有较长的流道或压力补偿装置，对压力变化的灵敏性较小，可以安装在有一定坡度的坡地上，微小地形起伏不会影响其灌水的均匀性，特别适用于山丘坡地等地形条件较复杂的地区。

（6）可开发边际水土资源　沙漠、戈壁、盐碱地、荒山荒丘等均可以利用滴灌技术进行种植业开发，滴灌系统也可以利用经处理的污水和微咸水灌溉。

（7）与覆膜结合，提高栽培标准化　覆膜栽培有提高地温、减少杂草生长、防止地表盐分累积、减少病害等诸多优点。但覆膜后灌溉和施肥的问题无法合理解决，滴灌是解决这一问题的最佳方法。膜下滴灌已成为一些地区一些作物的标准栽培技术的组成部分，已得到大面积推广，如新疆的棉花、内蒙古的马铃薯、东北的玉米等（图1-2）。

图1-2　新疆棉花、玉米膜下滴灌

2. 滴灌的局限性

但滴灌也存在以下局限性。

（1）滴头堵塞　滴灌在使用过程中如管理不当，极易引起滴头的堵塞，滴头堵塞主要是由悬浮物（沙和淤泥）、不溶解盐（主要是碳酸盐）、铁锈、其他氧化物和有机物（微生物）引起。滴头堵塞主要影响灌水的均匀性，堵塞严重时可使整个系统报废。但只要系统规划设计合理，正确使用过滤器，就可以大大减少或避免堵塞对系统的危害。

（2）盐分积累　在干旱地区采用含盐量较高的水灌溉时，盐分会在滴头湿润区域周边产生积累。这些盐分易于被淋洗到作物根系区域，当种子在高深度盐分区域发芽时，会带来不良后果。但在我国南方地区，因降雨量大，对土壤盐分的淋洗效果良好，能有效阻止高浓度盐分积累区的形成。

（3）影响作物根系分布　对于多年生作物（如茶树）来说，滴头位置附近根系密度增加，而非湿润区根系因得不到充足的水分供应其生长会受到影响，尤其是在干旱、半干旱地区，根系的分布与滴头位置有很大关系。少灌、勤灌的灌水方式会导致作物根系分布变浅，在风力较大的地区可能产生拔根危害。

（4）投资相对较高　与地面灌溉相比，滴灌一次性投资和运行费用相对较高，其投资与作物种植密度、种植和自动化程度有关，作物种植密度越大，则投资越高；反之，越小。自动化控制增加了投资，但可降低运行管理费用，选用时要根据实际情况而定。

二、微喷灌技术特点

微喷灌也称微型喷洒灌溉，简称微喷，是指利用折射式、辐射式或旋转式微型喷头将水喷洒在作物叶面或作物根系的一种灌水技术。微喷灌不仅与地面灌溉相比具有很多优点，而且在某些方面还有喷灌和滴灌不及之处。

1. 微喷灌的优点

微喷灌具有以下优点。

（1）水分利用率高，增产效果显著　微喷灌也属于局部灌溉，因而实际灌溉面积要小于地面灌溉，减少了灌水量，同时微喷灌具有较大的灌水均匀度，不会造成局部的渗漏损失，且灌水量和灌水深度容易控制，可根据作物不同生长期需求规律和土壤含水量状况适时灌水，提高水分利用率，管理较好的微喷灌系统比喷灌系统用水可减少20%～30%。微喷灌还可以在灌水过程中进行喷施可溶性化肥、叶面肥和农药，具有显著的增产作用，尤其对木耳、蘑菇、茶树等对温度和湿度有特殊要求的作物增产效果更明显（图1-3）。

图 1-3　茶园微喷灌应用

　　（2）灵活性大，使用方便　微喷灌的喷灌强度由单喷头控制，不受邻近喷头的影响，相邻的两微喷头间喷洒水量不相互叠加。微喷头可移动性强，根据条件的变化可随时调整其工作位置，如行间或株间等，在有些情况下微喷灌系统还可以与滴灌系统相互转化。

　　（3）降低能耗，减少投资　微喷头也属于低压灌溉，设计工作压力一般在150～200千帕之间，同时微喷灌系统流量要比喷灌小，因而对加压设施的要求要比喷灌小得多，可节省大量能源，发展自压灌溉对地势高差的要求也比喷灌小。同时由于设计工作压力低、系统流量小，又可减少各级管道的管径，降低管材压力，使系统的总投资大大下降。

　　（4）改善田间小气候，实现自动化　由于微喷灌水滴雾化程度大，可有效增加近地面空气湿度，在炎热天气可有效降低田间温度，甚至还可将微喷头移至树冠上，以防止霜冻灾害等。另外，微喷灌还容易实现自动化，节约劳力。

2. 微喷灌的局限性

微喷灌的局限性表现在以下几方面。第一，对水质要求较高。水中的悬浮物等容易造成微喷头的堵塞，因而要求对灌溉水进行过滤。第二，田间微喷灌易受杂草、作物茎秆的阻挡而影响喷洒质量。第三，灌水均匀度受风影响较大。在大于 3 级风的情况下，微喷水滴容易被风吹走，灌水均匀度降低，一般不宜进行灌水。因而微喷头的安装高度在满足灌水要求的情况下要尽可能低一些，以减少风对喷洒的影响。第四，在作物未封行前，微喷灌结合喷肥会造成杂草大量生长。

三、喷灌技术特点

1. 喷灌的优点

喷灌与传统的地面灌水方法及其他节水灌溉方式相比，具有以下优缺点。

（1）节约用水　据试验研究，喷灌的灌溉水利用率可达到 72%～93%，一般比地面灌溉节约用水 30%～50%，在透水性强、保水能力差的砂性土壤上，节水效果更加明显，可达 70% 以上。喷灌受地形和土壤影响较小，喷灌后地面湿润比较均匀，均匀度可达 80%～90%。

（2）适应性强　喷灌适用于各种地形和土壤条件，不一定要求地面平整，对于不适合地面灌溉的山地、丘陵、坡地等地形较复杂的地区和局部有高丘、坑洼的地区，都可以应用喷灌技术。除此以外，喷灌可应用于多种作物，对于所有密植浅根系作物，如小麦、花生、马铃薯等都可以采用喷灌。同时对透水性强或沉陷性土壤及耕作表层土薄且底土透水性强的砂质土壤而言，最适合运用喷灌技术。

（3）节省劳力和土地　喷灌的机械化程度高，又便于采用小型电子控制装置实现自动化，可以节省大量劳动力，如果采用喷灌施肥技术，其节省劳动力的效果更为显著。此外，采用喷灌还可以减少修田间渠道、灌水沟畦等用工。同时，喷灌利用管道输水，固定管道可以埋于地下，减少田间沟、渠、畦、埂等的占地，比地面灌溉节省土地7%~15%。

（4）增加产量，改善品质　首先，喷灌能适时适量地控制灌水量，采用少灌、勤灌的方法，使土壤水分保持在作物正常生长的适宜范围内；同时，喷灌像下雨一样灌溉作物，对耕层土壤不会产生机械破坏作用，保持了土壤团粒结构，有效地调节了土壤水、肥、气、热和微生物状况。其次，喷灌可以调节田间小气候，增加近地层空气湿度，调节温度和昼夜温差，又避免干热风、高温及霜冻对作物的危害，具有明显的增产效果，一般粮食作物可增产10%~20%、经济作物增产20%~30%。再次，喷灌能够根据作物需水状况灵活调节灌水时间与灌水量，整体灌水均匀，且可以根据作物生长需求适时调整施肥方案，有效提高农产品的产量和产品品质。

2. 喷灌的缺点

（1）喷洒作业受风影响较大　由喷头喷洒出来的水滴在落洒地面的过程中其运动轨迹受风的影响很大。在风的影响下，喷头在各方向射程的水量分布都会发生明显变化，从而影响灌水均匀性，甚至出现漏喷现象。一般风力大于3级时，喷灌的均匀度就会大大降低，此时不宜进行喷灌作业；宜在夜间风力较小时进行喷灌。灌溉季节多风的地区应在设备选型和规划设计上充分考虑风的不利影响，如难以解决，则应考虑采用其他灌溉方法。

（2）漂移蒸发损失大　由喷头喷洒出的水滴在落到地面前会产生蒸发损失，在有风的条件下会漂出灌溉地造成漂移损失，尤其在干旱、多风及高温季节，喷灌漂移蒸发损失更大，其损失量与风速、气温、空气湿度有关。喷灌蒸发损失还与喷头的雾化程度有关，雾化程度越高，蒸发损失越大。

（3）设备投资高　喷灌系统需要大量的机械设备和管道材料，同时系统工作压力较高，对其配套的基础设施的耐压要求也较高，因而需要标准较高的设备，使得一次性投资较高。喷灌系统投资还与自动化程度有关，自动化程度越高，需要的先进设备越多，投资越高。

（4）耗能和运行费用高　喷灌系统需要加压设备提供一定的压力，才能保证喷头的正常工作，达到均匀灌水的要求，在没有自然水压的情况下只有通过水泵进行加压，这需要消耗一部分能源（电、柴油或汽油），增加了运行费用。为解决这类问题，目前喷灌正向低压化方向发展。另外，在有条件的地方要充分利用自然水压，可大大减少运行费用。

（5）表面湿润较多，深层湿润不足　与滴灌相比，喷灌的灌水强度要大得多，因而存在表层湿润较多，而深层湿润不足的缺点，这种情况对深根作物不利，但是如在设计中恰当地选用较低的喷灌强度，或用延长喷灌时间的办法使水分充分地渗入下层，则会大大缓解此类问题。

此外，对于尚处于小苗时期的作物，由于没有封行，在使用喷灌系统进行灌溉尤其是将灌溉与施肥结合进行时，一方面很容易滋生杂草，从而影响作物的正常生长，另一方面，又加大了水肥资源的浪费；而在高温季节，特别是在南方，在使用喷灌系统进行灌溉时，在作物生长期间容易形成高温、高湿环境，引发病害的发生传播等。

第四节
水肥一体化技术系统组成

水肥一体化技术系统主要有微灌系统和喷灌系统。

一、微灌系统的组成和分类

微灌就是利用专门的灌水设备（滴头、微喷头、渗灌管和微管等）将有压水流变成细小的水流或水滴湿润作物根部附近土壤的灌水方法。因其灌水器的流量小而称为微灌，主要包括滴灌、微喷灌、脉冲微喷灌、渗灌等。微灌的特点是灌水流量小，一次灌水延续时间长，周期短，需要的工作压力较低，能够较精确地控制灌水量，把水和养分直接输送到作物根部附近的土壤中，满足作物生长发育的需要，实现局部灌溉。目前生产实践中应用广泛且具有比较完整理论体系的主要是滴灌和微喷灌技术。

1. 微灌系统的组成

微灌系统主要由水源工程、首部枢纽工程、输配水管网、灌水器 4 部分组成（图 1-4）。

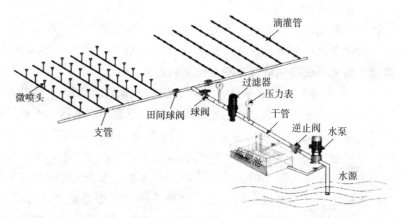

图 1-4　微灌系统组成示意图

（1）水源工程　在生产中可能的水源有河流水、湖泊水、水库水、塘堰水、沟渠水、泉水、井水、水窖（窨）水等，只要水质符合要求，均可作为微灌的水源，但这些水源经常不能被微灌工程直接利用，或流量不能满足微灌用水量要求，此时需要根据具体情况修建一些相应的引水、蓄水或提水工程，统称为水源工程。

（2）首部枢纽工程　首部枢纽是整个微灌系统的驱动、检测和控制中枢，主要由水泵及动力机、过滤器等水质净化设备、施肥装置、控制阀门、进排气阀、压力表、流量计等设备组成。其作用是从水源中取水，经加压过滤后输送到输水管网中去，并通过压力表、流量计等测量设备监测系统运行情况。

（3）输配水管网　输配水管网的作用是将首部枢纽处理过的水按照要求输送分配到每个灌水单元和灌水器。包括干、支管和毛管三级管道。毛管是微灌系统末级管道，其上安装或连接灌水器。

（4）灌水器　灌水器是微灌系统中最关键的部件，是直接向作物灌水的设备，其作用是消减压力，将水流变为水滴、细流或喷洒状施入土壤，主要有滴头、滴灌带、微喷头、渗灌滴头、渗灌管等。微灌系统的灌水器大多数用塑料注塑成型。

2. 微灌系统的分类

（1）根据输配水管道是否移动及毛管在田间的布置方式分类　可以将微灌系统分为地面固定式微灌系统、地下固定式微灌系统、移动式微灌系统和间歇式微灌系统4种形式。

① 地面固定式微灌系统。毛管布置在地面，干管、支管埋入地下，在整个灌水季节首部枢纽固定不动，毛管和灌水器也不移动的系统称为地面固定式微灌系统。这种系统主要用于灌水次数频繁、畦植的粮食作物和经济作物的灌溉。地面固定式微灌系统一般使用流量为4～8升/小时的单出水口滴头或流量为2～8升/小时的多出水口滴头，也可以用微喷头。这种系统的优点是安装、拆卸、清洗毛管和灌水器比较方便，易于管理和维修，便于检查土壤湿润和测量滴头流量变化的情况，也易于实现自动化。缺点是毛管和灌水器容易损坏和老化，还会影响到其他农事作业，设备的利用率也较低。在丘陵山区，地面坡度陡、地形复杂的地区一般安装固定式微灌系统。

② 地下固定式微灌系统。近年来，随着微灌技术的改进和提高，微灌的堵塞现象减少，采用了将毛管和灌水器（主要是使用滴头）或渗灌管全部埋入地下的系统。与地面固定式系统相比，地下微灌系统的优点是免除了毛管在作物种植和收获前后安装和

拆卸的工作，不影响其他农事作业，延长了设备的使用寿命。缺点是不能检查土壤湿润和灌水器堵塞情况，设备利用率低，一次投资较高。

③ 移动式微灌系统。按移动毛管的方式不同，移动式微灌系统可分为机械移动和手工移动两种。与固定式微灌系统相比，移动式微灌系统节省了大量毛管和滴头或微喷头，从而降低了微灌工程的投资，缺点是需要劳力多。

④ 间歇式微灌系统。间歇式微灌系统又称脉冲式微灌系统。工作方式是系统每隔一定时间灌水一次，灌水器的流量比普通的流量大4～10倍。间歇式微灌系统使用的灌水器孔口较大，减少了堵塞，而且间隔灌水避免了地面径流的产生和深层渗漏损失。缺点是灌水器制造工艺要求较高。

（2）根据灌水器的不同分类　可将微灌系统分为微喷灌、滴灌和渗灌3种形式。

① 微喷灌。微喷灌是通过低压管道将有压水流输送到田间，再通过直接安装在毛管上或与毛管连接的微喷头或微喷带将灌溉水喷洒在土壤表面的一种灌溉方式（图1-5）。灌水时水流以较大的流速由微喷头喷出，在空气阻力的作用下粉碎成细小的水滴降落在地面或作物叶面上，其雾化程度比喷灌要大，流量比喷灌小，比滴灌大，介于喷灌与滴灌之间。

实践表明，微喷灌技术在粮食作物、经济作物中，如小麦、花生等，具有其他灌溉方式所不具备的优点，综合效益显著，有雾化程度高、灌水速率小等特点。

② 滴灌。滴灌由于滴头流量小，水分缓慢渗入土壤，因而在滴灌条件下，除紧靠滴头下面的土壤水分处于饱和状态外，其他部位均处于非饱和状态，土壤水分主要借助毛管张力作用入渗和扩散，若灌水时间控制得好，基本没有下渗损失，而且滴灌时土壤表面湿润面积小，有效减少了蒸发损失，节水效果非常明显。可采用滴灌进行灌溉的作物种类很多，如玉米、马铃薯等粮食作物，烟草、棉花等条播或垄作经济作物均可使用滴灌系统。滴灌技术发展

图 1-5　小麦玉米轮作微喷灌水肥一体化技术应用

到现在，已不仅仅是一种高效灌水技术，它与其他施肥、覆膜等农技措施相结合，已成为一种现代化的综合栽培技术（图 1-6）。

图 1-6　新疆棉花膜下滴灌技术应用

③ 渗灌。渗灌技术是继喷灌、滴灌之后的又一种水灌溉技术。渗灌是一种地下微灌形式，是在低压条件下，通过埋于作物根系活动层的灌水器（微孔渗灌管），根据作物的生长需水量定时定量地向土壤中渗水供给作物。渗灌系统全部采用管道输水，灌溉水是通过渗灌管直接供给作物根部，地表及作物叶面均保持干燥，作物棵间蒸发减至最小，计划湿润层土壤含水率均低于饱和含水率，因此，渗灌技术水的利用率是目前所有灌溉技术中最高的。渗灌主要适用于地下水较深、地下水及土壤含盐量较低、灌溉水质较好、湿润土层透水性适中的地区（图 1-7）。

图 1-7　渗灌设施

渗灌技术的优点在于地表不见水、土壤不板结、土壤透气性好、改善生态环境、节约肥料、系统投资低等。统计资料表明，渗灌水的田间利用率可达 95%，渗灌比漫灌节水 75%、比喷灌节水 25%。但缺点是毛管容易堵塞，且易受植物根系的影响，植物根系具有很强的穿透力，尤其是植物根系具有趋水性，即根系的生长会朝水分条件较好的方向伸展，因而随着时间的延续，植物根系会在渗灌毛管附近更密集，且有些植物根系会钻进渗灌管的毛细孔内破坏毛管。在地下害虫猖獗的地区，害虫（如金龟子、天牛等）会咬破毛管，导致大面积漏水，最后使系统无法运行。渗灌技术在我国部分地区的应用已体现出它的优势，具有较好的推广应用价值，但在技术上还有很多方面需要研究与探索。

二、喷灌系统的组成和分类

1. 喷灌系统的组成

喷灌系统一般由水源工程、首部系统、输配水管道系统和喷头组成（图 1-8）。

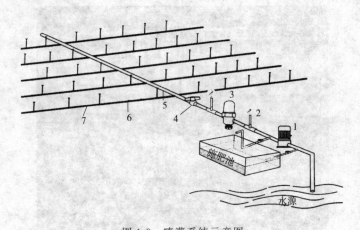

图 1-8　喷灌系统示意图

1—水泵；2—压力表；3—过滤器；4—球阀；5—干管；6—支管；7—喷头

（1）水源工程　可以作为喷灌用的水源有河流水、湖泊水、水库水、池塘水、泉水、井水或渠道水等。在喷灌系统中，水源工程的作用是通过它实现水源的蓄积、沉淀及过滤作用。喷灌系统的建设投资较高，设计保证率一般要求不低于 85％，在来水量足够大、水质符合喷灌要求的地区，可以不修建水源工程。对于轻小型喷灌机组，应设置满足其流动作业要求的田间水源工程。

（2）首部系统　喷灌系统中常将控制设备、加压设备、计量设备、安全保护设备和施肥设备等集中安装在整个喷灌系统的开始部分，故称为首部系统，而把除首部系统以外的其他位于田间的所有装置如输水管道、控制阀、支管、喷头等称为田间系统。喷灌系统的首部系统包括加压设备（水泵、动力机）、计量设备（流量计、压力表）、控制设备（闸阀、球阀、给水栓）、安全保护设备（过滤器、安全阀、逆止阀）、施肥设备（施肥罐、施肥器）等。

（3）输配水管道系统　管道系统的作用是将经过水泵加压或自然有压的灌溉水流输送到田间喷头上去，因此要采用压力管道进行输配水，喷灌管道系统常分为干管和支管两级，大型喷灌工程也有分干管和二级以上支管。干管起输配水的作用，将水流输送到田间支管中去。支管是工作管道，根据设计要求在支管上按一定间隔安装竖管，竖管上安装喷头，压力水通过干管、支管、竖管经喷头喷洒到田面上。管道系统的连接和控制需要一定数量的管道连接配件（直通、弯头、三通等）和控制配件（给水栓、闸阀、电磁阀、球阀、进排气阀等）。根据铺设状况可将管道分为地埋管道和地面移动管道，地埋管道埋于地下，地面移动管道则按灌水要求沿地面铺设。喷灌机组的工作管道则一般和行走部分结合为一个整体。

（4）喷头　喷头是喷灌系统的重要部件，其作用是将管道内的有压水流喷射到空中，分散成众多细小水滴，均匀地撒布到田间。为适应不同地形、不同作物种类，喷头有高压喷头、中压喷头、低压喷头和微压喷头，有固定式、旋转式和孔管式喷头，其喷洒方式有全圆喷洒和扇形喷洒，也有行走式喷洒和定点喷洒。

2. 喷灌系统分类

喷灌系统的形式很多，按喷灌系统的主要部分在灌溉季节可移动的程度分类，可分为固定管道式喷灌系统、移动管道式喷灌系统、半固定式喷灌系统和机组式喷灌系统。

（1）固定管道式喷灌系统　固定管道式喷灌系统的全部设备，包括首部系统、输配水管道系统、喷头等在整个灌溉季节甚至常年都是固定不动的，为方便田间作业和延长管道使用寿命，除竖管及喷头外其他所有管道及田间设备全部埋于地下，水泵、动力机及其他首部枢纽设备安装在泵房或控制室内（图1-9）。固定式喷灌系统具有操作使用方便、生产效率高、运行费用低、占地少、易实现自动化等优点，但全套设备只能固定在一块地上使用，所以设备利用率低，单位面积投资大。适合于经济发展水平高、劳力紧张、以种植经济价值高、灌水频繁的如茶树等经济作物的地区，也适合于面积较大或种植单一的农场。固定式喷灌系统常采用分组轮灌的方式来减小设计流量，降低单位面积投资。

图1-9　固定管道式喷灌系统

（2）移动管道式喷灌系统　在经济不太发达、劳动力较多且灌水次数较少的地区，采用移动管道式喷灌系统可显著节省系统设备投资和提高设备的利用率。这种喷灌系统除水源工程固定不动外，其他所有设备（包括水泵、动力机、干管、支管和喷头等）在整个喷灌过程中都可以移动，进行轮灌（图1-10）。这样就可以在不同地块轮流使用，设备利用率高，节省了单位面积的投资费用，但是作业时移动管道不方便，而且经常性的移动、拆卸容易引起系统连接点的损坏，增加养护成本。另外，在喷灌后的泥泞地上移动，工作条件差，也比较费工。

图 1-10　移动管道式喷灌系统

（3）半固定式喷灌系统　半固定式喷灌系统是指动力机、水泵和干管固定不动而支管、喷头可移动的喷灌系统（图 1-11）。针对固定式和移动式喷灌系统的优缺点，半固定式喷灌系统则采取支管和喷头移动使用的形式，大大提高了支管的利用率，减少支管用量，使单位面积投资低于固定管道式喷灌系统。这种形式在我国北方小麦产区具有很大的发展潜力。为便于移动支管，管材应选择轻型管材，如薄壁铝管、薄壁镀锌钢管，并且配有各类快速接头和轻便的连接件、给水栓。

（4）机组式喷灌系统　机组式喷灌系统也称喷灌机组，它是自成体系、能独立在田间移动喷灌的机械。喷灌机除水源工程以外的其他设备都是在工厂完成，具有集成度高、配套完整、机动性好、设备利用率和生产效率高等优点。采用机组式喷灌系统时，除应选好喷灌机的机型外，还应按喷灌机的使用要求搞好配套工程的规划、设计和施工。

① 小型移动式喷灌机。小型移动式喷灌机是指 10 千瓦以下柴

图 1-11　半固定式喷灌系统

油机或电动机配套的喷灌机组，由安装在手推车或小型拖拉机上的水泵、动力机、竖管和喷头组成，有手抬式和手推式两种（图1-12）。小型喷灌机组适用于水源少而分散的山地丘陵区和平原缺水

图 1-12　小型移动式喷灌机

区，这种喷灌机具有结构简单、一次性投资少、重量轻、操作使用简单、保管维修方便等优点。也适用于城郊小块地粮食作物的喷灌，喷灌面积可大可小。田间作业时，为保持机行道不被淋湿，喷头应顺风向做扇形旋转，机组沿渠道逆风后退，特别是在黏重的土壤上使用时，要注意保护车道，不然机行道泥泞不堪，喷灌机转移困难。

②时针式喷灌机。又称为中心支轴自走式连续喷灌机组，由于其喷灌的范围呈圆形，所以有时也称为圆形喷灌机（图1-13）。时针式喷灌机由固定的中心支轴、薄壁金属喷洒支管、支撑支管的桁架、支塔架及行走机构等组成。工作时，水泵送来的压力水由支轴下端进入，经支管到各喷头再喷洒到田间，与此同时，驱动机构带动支塔架的行走机构，使整个喷洒支管缓慢转动，实现行走喷洒。时针式喷灌机的支管长度多在60～800米，支管离地面高2～3米。根据灌水量的要求，支管转一圈一般为3～4天，最长可达20天，控制面积可达200～3000亩。在方田四角，可由支管末端的喷角装置喷灌四角。

图1-13　时针式喷灌机

③平移式喷灌机。即连续直线移动式喷灌机，它是在牵引式

喷灌机的基础上，吸取了时针式喷灌机逐节启动的方法发展起来的，由于它的行走多靠自己的动力，所以也称为平移自走式喷灌机（图1-14）。其外形和时针式很相似，也是由几个到十几个塔架支承一根很长的喷洒支架，一边行走一边喷洒，由软管向支管供水，也可以使支管骑在沟渠上行走或是支管一端沿沟渠行走以直接从沟渠中吸水。但是它的运动方式和时针式完全不同。时针式喷灌机的支管是转动的，平移式的支管是横向平移的，所以平移式的喷灌强度沿支管各处是一样的，而时针式的喷灌则由中心向外圈逐渐加大。平移式喷灌机的控制面积可大可小，从50亩到3000多亩，大型农场、牧场都可以使用。

图1-14　平移式喷灌机

④ 绞盘式喷灌机。属于行喷式喷灌机，规格以中型为主，同时也有小型的产品。绞盘式喷灌机主要由绞盘车、输水管、自动调整装置、水涡轮驱动装置、减速箱、喷头车等几部分组成（图1-15），水源一般由固定干管给水栓供水，喷灌支管绕在绞盘车上，灌水作业由喷头车在田间行走完成，绞盘车采用动力或水力驱动边喷边收管，收管完毕，喷头停止工作，转入下一给水栓作业。此喷

灌机可广泛应用于平原、丘陵地区的棉、麦、稻、烟草、花生、蔗、麻、茶叶和牧草等作物的喷洒作业。也可用于城市绿地、电厂、码头除尘等。软管牵引绞盘式喷灌机结构紧凑，机动性好，生产效率高，规格多，单机控制面积可达 150～300 亩，喷洒均匀度较高，喷灌水量可在几毫米至几十毫米的范围内调节。软管牵引绞盘式喷灌机一般采用大口径单喷头作业，故入机压力要求较高，能耗较大，对于灌水频繁的地区，应慎重选用。软管牵引绞盘式喷灌机的另一个不足之处是需要留出机行道，应在农田基本建设中统一规划，尽量减少占地。

图 1-15　绞盘式喷灌机

不同形式喷灌系统优缺点比较可参考表 1-1。

表 1-1　不同形式喷灌系统优缺点比较

形式	优点	缺点
固定式	使用方便，劳动生产率高，省劳力，运行成本低（高压除外），占地少，喷灌质量好	需要的管材多，投资大

形式		优点	缺点
移动式	带管道	投资少,用管道少,运行成本低,动力便于综合利用,喷灌质量好,占地较少	操作不便,管道移动时易损坏作物
	不带管道	投资最少,不用管道,移动方便,动力便于综合利用	道路和渠道占地多,一般喷灌质量较差
半固定式		投资和用管量介于固定式和移动式之间,占地较少,喷灌质量好,运行成本低	操作不便,移管时易损坏作物

第五节
水肥一体化技术应用前景

　　水肥一体化具有鲜明的优点,也具有一定的缺点,但水肥一体化技术是将施肥与微灌结合起来并使水肥得到同步控制的一项技术,它利用灌溉设施将作物所需的养分、水分以最精确的用量供给,以此更好地节约水资源。因而,水肥一体化技术必将得到国家的大力扶持和推广,发展前景十分广阔。

一、推广水肥一体化技术的必要性

1. 我国水资源匮乏且分布不均

　　我国水资源总量居世界第六位,人均占有量更低,而且分布不均匀,水土资源不相匹配,淮河流域及其以北地区国土面积占全国的 63.5%,水资源量却仅占全国的 19%。平原地区地下水储存量减少,地下水下降,呈降落漏斗的面积不断扩大,我国可耕种的土地面积越来越少。在可耕种的土地中有 43% 的土地是灌溉耕地,也就是说靠自然降水的耕地达 57%,但是我国雨水的季节性分布

不均，大部分地区年内夏秋季节连续 4 个月降水量占全年的 70%
以上，连续丰水或连续枯水年较为常见，旱灾发生率很高。再加上
我国农业用水比较粗放，耗水量大，灌溉水有效利用系数仅为 0.5
左右。水资源缺乏，农业用水效率低，不仅制约着现代农业的发
展，也限制着经济社会的发展，因此，有必要大力发展节水技术，
水肥一体技术可有效地节约灌溉用水，如果利用合理可大大缓解我
国水资源匮乏的压力。

2. 化肥的过度施用

我国是世界化肥消耗大国，不足世界 10% 的耕地却施用了世
界化肥总施用量的 1/3。化肥泛滥施用而利用率低，全国各地的耕
地均有不同程度的次生盐渍化现象。长期大量施用化肥使农田中的
氮、磷向水体转移，造成地表水污染，使水体富营养化。肥料的利
用率是衡量肥料发挥效益的一个重要的参数。研究发现，我国的氮
肥当季利用率只有 30%～40%，磷肥的当季利用率为 10%～25%，
钾肥的当季利用率为 45% 左右，这不仅造成严重的资源浪费，还
会引发农田及水环境的污染问题。化肥泛滥施用造成了严重的土壤
污染、水体污染、大气污染、食品污染。因此，长期施用化肥促进
作物增产的同时，也给农业生产的可持续发展带来了挑战。而水肥
一体化技术的肥料利用率达 80% 以上，如在田间滴灌施肥系统下
种植棉花，氮肥利用率可达 80% 以上，磷肥利用率达到 70%，钾
肥利用率达到 90%。

3. 劳动力成本高

我国劳动力匮乏且劳动力价格越来越高，使水肥一体化技术节
省劳动力的优点更加突出。目前，年轻人种地的越来越少，进城做
工的越来越多，这导致劳动力群体结构极为不合理，年龄断层严
重。在现有的农业生产中，真正在生产一线从事劳动的人年龄大部
分在 40 岁以上，在若干年以后，这部分人没有能力干活，将很难
有人来替代他们的工作。劳动力短缺致使劳动力价格高涨，现在的
劳动力价格是 5 年前的 2 倍甚至更高，单凭传统的灌溉、施肥技

术，农民光劳动力成本就很难承担。

通过以上因素的分析，让我们看到了水肥一体化技术在我国发展、推广的必要性和重大意义。水肥一体化技术这种"现代集约化灌溉施肥技术"是应时代之需，是我国传统的"精耕细作农业"向"集约化农业"转型的必要产物。它的应用和推广有利于从根本上改变传统的农业用水方式，提高水分利用率和肥料利用率；有利于改变农业生产方式，提高农业综合生产能力；有利于从根本上改变传统农业结构，大力促进生态环境保护和建设。

二、水肥一体化技术推广应用存在的问题

目前一些发达国家水肥一体化应用比例较高，其中像以色列这样的缺水国家，更是将水肥一体化技术发挥到极致，他们水肥一体化应用比例高达90%以上。在美国，25%的玉米、60%的马铃薯、32%的果树也都采用了水肥一体化技术。近年来，我国水肥一体化技术发展迅速，已逐步由棉花、果树、蔬菜等经济作物扩展到小麦、玉米、马铃薯等粮食作物，每年推广应用面积3000多万亩。但我国水肥一体化技术推广和应用水平与发达国家相比差距还比较大。主要原因有以下几方面。

1. 我国节水灌溉技术的推广应用还处于起步阶段

节水灌溉面积不足总灌溉面积的3%，与经济发达国家相比存在巨大差异，在节水灌溉的有限面积中，大部分没有考虑通过灌溉系统施肥。即使在最适宜用灌溉施肥技术的设施栽培中，灌溉施肥面积也仅占20%左右，水肥一体化技术的经济和社会效益尚未得到足够重视。

2. 灌溉技术和施肥技术脱离

由于管理体制所造成的水利与农业部门的分割，使技术推广中灌溉技术与施肥技术脱离，缺乏行业间的协作和交流。懂灌溉的不懂农艺、不懂施肥，而懂施肥的又不懂灌溉设计和应用。目前灌溉施肥面积仅占微灌总面积的30%，远远落后于以色列的90%、美

国的 65%。

3. 灌溉施肥工程管理水平低

目前我国节水农业中存在着"重硬件（设备）、轻软件（管理）"问题。特别是政府投资的节水示范项目，花费很多资金购买先进设备，但建好后由于缺乏科学管理或权责利不明而不能发挥应有的示范作用。灌溉制度和施肥方案的执行受人为因素影响巨大，除了装备先进的大型温室和科技示范园外，大部分的灌溉施肥工程并没有采用科学方法对土壤水分和养分含量、作物营养状况实施即时检测，多数情况下还是依据人为经验进行管理，特别是施肥方面存在很大的随意性，系统操作不规范，设备保养差，运行年限短。

4. 生产技术装备落后，技术研发与培训不足

我国微灌设备目前依然存在微灌设备产品品种及规格少、材质差、加工粗糙、品位低等问题。其主要原因是设备研究与生产企业联系不紧密，企业生产规模小，专业化程度低。特别是施肥及配套设备产品品种规格少，形式比较单一，技术含量低；大型过滤器、大容积施肥罐、精密施肥设备等开发研究不足。由于灌溉施肥技术涉及农田水利、灌溉工程、作物、土壤、肥料等多门学科，需要综合知识，应用性很强。现有的农业从业人员的专业背景存在较大差异，农业研究与推广部门缺乏专业水肥一体化技术推广队伍，研究方面人力物力投入少，对农业技术推广人员和农民缺乏灌溉施肥专门的知识培训，同时也缺乏通俗易懂的教材和宣传资料。

5. 缺乏专业公司的参与

虽然在设备生产上我国已达到先进水平，国产设备可以满足市场需要，但技术服务公司非常少，而在水肥一体化技术普及的国家，则有许多公司提供灌溉施肥技术服务。水肥一体化技术是一项综合管理技术，不仅需要专业公司负责规划、设计、安装，还需要相关的技术培训、专用的肥料供应、农化服务等。

6. 投资成本高、产品价格低，成为技术推广的最大障碍

水肥一体化技术涉及多项成本：水源工程、作物种类、地形与土壤条件、地理位置、系统规划设计、系统所覆盖的种植区域面积、肥料、施肥设备和施肥质量要求、设备公司利润、销售公司利润、安装公司利润等。根据测算，大田采用水肥一体化技术每亩投资在 400～1500 元，而温室的投资比大田更高。而目前农产品价格较低，造成投资大、产出低，也成为水肥一体化技术推广的最大障碍。在目前情况下，主要用在经济效益好的作物上，如花卉、果树、设施蔬菜、茶叶等。

三、水肥一体化技术的发展方向

1. 水肥一体化技术向着科学化方向发展

水肥一体化技术向着精准农业、配方施肥的方向发展。我国幅员辽阔，各地农业生产发展水平、土壤结构及养分间有很大的差别。因此，在未来规划设计水肥一体化进程中，在选取配料前，应该根据不同作物种类、不同作物的生长期、不同土壤类型，分别采样化验得出土壤的肥力特性以及作物的需肥规律，从而有针对性地进行配方设计，选取合适的肥料进行灌溉施肥。

2. 水肥一体化技术将向信息化方向发展

信息化是当今世界经济和社会发展的大趋势，也是我国产业优化升级和实现工业化、现代化的关键环节。在水肥一体化方面，我们不仅要将信息技术应用到生产、销售及服务过程中来降低服务成本，而且要在作物种植方面加大信息化发展。例如，水肥一体化自动化控制系统，可以利用埋在地下的湿度传感器传回土壤湿度的信息，以此来有针对性地调节灌溉水量和灌溉次数，使植物获得最佳需水量。还有的传感系统能通过监测植物的茎和果实的直径变化来决定植物灌溉间隔。

3. 水肥一体化技术向着标准化方向发展

目前，市场上节水器材规格参差不齐，严重制约了我国节水事

业的发展。因此，在未来的发展中，节水器材技术标准、技术规范和管理规程的编制，会不断形成并成为行业标准和国家标准，以规范节水器材生产，减少因为节水器材、技术规格不规范而引起的浪费，以此来提高节水器材的利用率。而且水肥一体化技术规范标准化也会逐渐形成。目前的水肥一体化技术，各个施肥环节标准没有形成统一，效率低下，因而在未来的滴灌水肥一体化进程中，应对设备选择、设备安装、栽培、施肥、灌溉制度等各个环节进行规范，以此形成技术标准，提高效率。

4. 水肥一体化技术向规模化、产业化方向发展

当前水肥一体化技术已经由过去局部试验示范发展为大面积推广应用，辐射范围由华北地区扩大到西北干旱区、东北寒温带和华南亚热带地区，覆盖了设施栽培、无土栽培，以及果树、蔬菜、花卉、苗木、大田经济作物等多种栽培模式和作物。另外，水肥一体化技术的发展方向还表现在：节水器材及生产设备实现国产化，降低器材成本；解决废弃节水器材回收再利用问题，进一步降低成本；新型节水器材的研制与开发，发展实用性、普及性、低价位的塑料节水器材；完善的技术推广服务体系。

今后很长一段时间我国水肥一体化技术的市场潜力主要表现在以下几个方面：建立现代农业示范区，由政府出资引进先进的水肥一体化技术与设备作为生产示范，让农民效仿；休闲农业、观光果园等一批都市农业的兴起，将会进一步带动水肥一体化技术的应用和发展；商贸集团投资农业，进行规模化生产，建立特种农产品基地，发展出口贸易、农产品加工或服务于城市的餐饮业等；改善城镇环境，公园、运动场、居民小区内草坪绿地的发展也是水肥一体化设备潜在的市场；农民收入的增加和技术培训的到位，使农民有能力也愿意使用灌溉施肥技术和设备，以节约水、土和劳动力，获取最大的农业经济效益。

第二章 水肥一体化技术的主要设备

一套水肥一体化技术设备包括首部枢纽、施肥设备输配水管网和灌水器4部分。

第一节
水肥一体化技术的首部枢纽

首部枢纽的作用是从水源取水、增压,并将其处理成符合灌溉施肥要求的水流输送到田间系统中去,包括加压设备(水泵、动力机)、过滤设备、施肥设备、控制与测量设备等。其中施肥设备第二节详细讲述。

一、加压设备

加压设备的作用是满足灌溉施肥系统对管网水流的工作压力和流量要求。加压设备包括水泵及向水泵提供能量的动力机。水泵主要有离心泵、潜水泵等,动力机可以是柴油机、电动机等。在井灌区,如果是小面积使用灌溉施肥设备,最好使用变频器。在有足够自然水头的地方可以不安装加压设备,利用重力进行灌溉。

1. 泵房

加压设备一般安装在泵房内,根据灌溉设计要求确定型号类别,除深井供水外,多需要建造一座相应面积的水泵用房,并能提供一定的操作空间。水泵用房一般是砖混结构，也存在活动房形式，主要功能是避雨防盗，方便灌溉施肥器材的摆放（图 2-1）。

取水点需要建造一个取水池，并预留一个进水口能够与灌溉水源联通，进水口需要安装一个拦污闸（材料最好用热镀锌或不锈钢），防止漂浮物进入池内。取水池的底部稍微挖深，较池外深 0.5 米左右，池底铺钢筋网，用混凝土铺平硬化。取水池的四周砌砖，顶上加盖，预留水泵吸水口和维修口（加小盖），并要定期清理池底，进水口不能堵塞，否则将会影响整个系统的运行。

图 2-1　田间水泵用房

2. 水泵

（1）水泵的选取　水泵的选取对整个灌溉系统的正常运行起着至关重要的作用。水泵选型原则是在设计扬程下，流量满足灌溉设计流量要求；在长期运行过程中，水泵的工作效率要高，而且经常在最高效率点的右侧运行为最好；便于运行管理。

选择水泵时，首先要确定流量。在设计时，计算出整个灌溉系统所需的总的供水量，确保水源的供水量能够满足系统所需的水量。按照设计，水泵的设计流量选择稍大于所需水量即可。如果已知所用灌水器的数量，也可以根据灌水器的设计流量，计算出整个灌溉系统所需要的供水量。这里所得的系统流量为初定值。之后按照制定的灌溉制度选择管路水力损失最大的管路，根据灌水器的设计流量从管路的末端依次推算出主干管进口处的流量，该流量即为所需水泵的设计流量。其次，是水泵扬程的确定。水泵扬程的计算需要计算系统内管路水头损失，最大管路的水头没有损失值，按照下列公式计算水泵所需的扬程。

离心泵：$H_泵 = h_泵 + \Delta Z + f_进$

潜水泵：$H_泵 = h_1 + h_2 + h_3$

式中，$H_泵$为系统总场扬程；$h_泵$为水泵出口所需最大压力水头；ΔZ为水泵出口轴心高程与水源水位的平均高差；$f_进$为进水管的水头损失；h_1为井口所需最大压力水头；h_2为井下管路水头损失；h_3为井的动水位到井口的高程差。

（2）离心自吸泵　自吸泵具有一定的自吸能力，能够使水泵在吸不上水的情况下方便启动，并维持正常运行。我国目前生产的自吸泵基本上是离心自吸泵。自吸泵根据其自吸方式的不同，可分为外混式自吸泵、内混式自吸泵及带有由泵本身提供动力的真空辅助自吸泵；按输送液体和材质可分为污水自吸泵、清水自吸泵、耐腐蚀自吸泵、不锈钢自吸泵等多种自吸泵的结构形式。其主要零件有泵体、泵盖、叶轮、轴、轴承等。自吸泵结构上有独具一格的科学性，泵内设有吸液室、储液室、回液止回阀、气液分离室，管路中不需安装低阀，工作前只需保留泵体储有定量引液即可，因此简化了管路系统，又改善了劳动条件。泵体内具有涡形流道，流道外层周围有容积较大的气水分离腔，泵体下部铸有座角作固定泵用。

ZW型卧式离心自吸泵是一种低扬程、大流量的污水型水泵，其电动机与泵体采用轴联的方式，能够泵机分离，保养容易，在不用水的季节或有台风洪水的季节可以拆下电机，使用时再连接电机即可，同心度好、噪声小。主要应用于50～100亩以上种植作物单一的农场，这样施肥时间能够统一。一个轮灌区的流量在50～70立方米，水泵的效率能够得到较高的发挥。该水泵具有强力自吸功能、全扬程、无过载，一次加水后不需要再加水（图2-2）。

其工作原理：水泵通过电机驱动叶轮，把灌溉水从进水池内吸上来，通过出口的过滤器把水送到田间各处，在水泵的进水管20

图 2-2　65ZW30－18－4kW 自吸式排污泵

厘米左右处，安装一个三通出口，连接阀门和小过滤器，再连接钢丝软管作为吸肥管。

　　水泵在吸水的时候，进水管内部处于负压状态，这时候把吸肥管放入肥料桶的肥液中（可以是饱和肥液），打开吸肥管的阀门，肥液就顺着吸肥管被吸到水泵及管道中与清水混合，输送到田间作物根部进行施肥。与电动注射泵相比，不需要电源，不会因压力过高或过低造成不供肥或过量供肥。

　　（3）潜水泵　潜水泵与普通抽水机不同之处在于其工作在水下，而抽水机大多工作在地面上。潜水泵的工作原理是潜水泵开泵前，吸入管和泵内必须充满液体；开泵后，叶轮高速旋转，潜水泵中的液体随着叶片一起旋转，在离心力的作用下，飞离叶轮向外射出，射出的液体在泵壳扩散室内速度逐渐变慢，压力逐渐增加，然后从泵出口排出管流出。此时，在叶片中心处由于液体被甩向周围而形成既没有空气又没有液体的真空低压区，液池中的液体在池面大气压的作用下，经吸入管流入潜水泵内，液体就是这样连续不断地从液池中被抽吸上来又连续不断地从排出管流出。

　　用潜水泵作为首部动力系统，优点是简单实用，不需要加引水，也不会发生漏气和泵体气蚀余量超出等故障，水泵型号多，选择余地大。缺点是泵体电机和电线都浸在水中，在使用的过程中要防止发生漏电。

灌溉用潜水泵的出水径通常在 $DN32\sim DN150$，如果一台不够，可以安装两台并联使用，这样能节约用电。这里以 QS 系列潜水泵为例，介绍首部的组成设备操作（图 2-3）。水泵参数：QS 潜水泵，额定流量 65 立方米，额定扬程 18 米，功率 7.5 千瓦，电压380 伏，出水口内径 $DN80$。QS 水泵的进水口是在水泵中上部，工作时，不会把底部淤泥吸上；冷却效果好，输出功率大；出水口在泵体顶部，方便安装。

图 2-3　QS 系列潜水泵

3. 负压变频供水设备

通常温室和大田灌溉都是用水泵将水直接从水源中抽取加压使用，无论用水量大小，水泵都是满负荷运转，所以当用水量较小时，所耗的电量与用水量大时一样，容易造成极大的浪费。

负压变频供水设备能根据供水管网中瞬时变化的压力和流量参数自动改变水泵的台数和电机运行转速，实现恒压变量供水的目的。水泵的功率随用水量变化而变化，用水量大，水泵功率自动增大，用水量小，水泵功率自动减小，能节电 50%，从而达到高效节能的目的（图 2-4）。

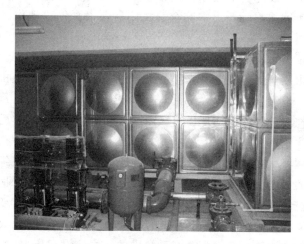

图 2-4　变频供水系统

负压变频供水设备的应用，优化了作物供水的方式。如由我国研制开发的 LFBP-DL 系列变频供水设备（图 2-5），在原有基础上进行了优化升级，目前第三代设备已经具有自动加水、自动开机、

图 2-5　LFBP-DL 系列变频供水设备

自动关机、故障自动检索的功能，打开阀门，管道压力感应通过PLC执行水泵启动，出水阀全部关闭后，水泵停止动作，达到节能的效果。

负压供水设备由变频控制柜、离心水泵（DL 或 ZW 系列）、真空引水罐、远传压力表、引水筒、底阀等部件组成。电机功率一般有 5.5 千瓦、7.5 千瓦、11 千瓦，一台变频控制水泵数量从一控二到一控四，可以根据现场实际用水量确定。其中 11 千瓦组合时一定要注意电源电压。

变频恒（变）压供水设备控制柜是对供水系统中的泵组进行闭环控制的机电一体化成套设备（图 2-6）。该设备采用工业微机可变程序控制器和数字变频调整技术，根据供水系统中瞬时变化的流量和相应的压力，自动调节水泵的转速和运行台数，从而改变水泵出口压力和流量，使供水管网系统中的压力按设定压力保持恒定，达到提高供水品质和高效节能的目的。

控制柜适用于各种无高层水塔的封闭式供水场合的自动控制，具有压力恒定、结构简单、操作简便、使用寿命长、高效节能、运行可靠、使用功能齐全及完善的保护功能等特点。

控制柜具有手动、变频和工频自动三种工作形式，并可根据各用户要求，追加如下各种附加功能：小流量切换或停泵，水池无水停泵，定时启停泵，双电源、双变频、双路供水系统切换，自动巡检，

图 2-6　变频恒（变）压供水设备控制柜

改变供水压力，供水压力数字显示及用户在供水自动化方面要求的其他功能。

二、过滤设备

过滤设备的作用是将灌溉水中的固体颗粒（砂石、肥料沉淀物及有机物）滤去，避免污物进入系统，造成系统和灌水器堵塞。

1. 含污物分类

灌溉水中所含污物及杂质有物理、化学和生物三大类。物理污物及杂质是悬浮在水中的有机或无机的颗粒（有机物质主要有死的水藻、鱼、枝叶等动植物残体等，无机杂质主要是黏土粒和砂粒）。化学污物及杂质是指溶于水中的某些化学物质，在条件改变时会变成不溶的固体沉淀物，堵塞灌水器。生物污物及杂质主要包括活的菌类、藻类等微生物和水生动物等，它们进入系统后可能繁殖生长，减小过水断面，堵塞系统。表2-1表明了水中所含杂质情况与滴头堵塞程度有关。

表 2-1　水质与滴头堵塞程度

杂质类型		堵塞程度		
		轻微	中度	严重
物理性	pH 值	50	50～100	＞100
化学性	悬浮物质/(毫克/升)	7.0	7.0～8.0	＞8.0
	溶解物质/(毫克/升)	500	500～2000	＞2000
	锰/(毫克/升)	0.1	0.1～1.5	＞1.5
	总铁/(毫克/升)	0.2	0.2～1.5	＞1.5
	硫化物/(毫克/升)		0.2～2.0	＞2.0
生物性	细菌/(个/升)	10000	10000～50000	＞50000

注：肥料也是堵塞原因，要把含有肥料的水装入玻璃瓶中，在暗处放置12小时，然后在光照下观察是否有沉淀情况。

对灌溉水中物理杂质的处理主要是采取拦截过滤的方法，常见的有拦污栅（网）、沉淀池和过滤器。过滤设备根据所用的材料和过滤方式可分为筛网式过滤器、叠片式过滤器、砂石过滤器、离心分离器、自净式网眼过滤器、沉沙池、拦污栅（网）等。在选择过滤设备时要根据灌溉水源的水质、水中污物的种类、杂质含量，结合各种过滤设备的规格、特点及本身的抗堵塞性能，进行合理的选取。

过滤器并不能解决化学和微生物堵塞问题，对水中的化学和生物污物杂物可以采取在灌溉水中注入某些化学药剂的办法以溶解沉淀和杀死微生物。如含泥较多的蓄水塘或蓄水池中加入 0.1% 的沸石 10 小时左右，可以将泥泞沉积到池底，水变清澈。对容易长藻类的蓄水池可以加入硫酸铜等杀灭藻类。具体用法参照有关厂家杀藻剂的说明书。

2. 过滤设备分类

（1）筛网式过滤器　筛网式过滤器是微灌系统中应用最为广泛的一种简单而有效的过滤设备，它的过滤介质有塑料、尼龙筛网或不锈钢筛网。

① 适用条件。筛网式过滤器主要作为末级过滤设备，当灌溉水质不良时则连接在主过滤器（砂砾或水力回旋过滤器）之后，作为控制过滤器使用。主要用于过滤灌溉水中的粉粒、砂和水垢等污物。当有机物含量较高时，这种类型的过滤器的过滤效果很差，尤其是当压力较大时，有机物会从网眼中挤过去，进入管道，造成系统与灌水器的堵塞。筛网式过滤器一般用于二级或三级过滤（即与砂石分离器或砂石过滤器配套使用）。

② 分类。筛网式过滤器的种类很多，按安装方式分有立式和卧式两种；按清洗方式分有人工清洗和自动清洗两种；按制造材料分有塑料和金属两种；按封闭与否分有封闭式和开敞式（又称自流式）两种。

③ 结构。筛网式过滤器主要由筛网、壳体、顶盖等部分组成

（图 2-7）。筛网的孔径大小（即网目数）决定了过滤器的过滤能力，由于通过过滤器筛网的污物颗粒会在灌水器的孔口或流道内相互挤在一起而堵塞灌水器，因而一般要求所选用的过滤器的滤网孔径大小应为所使用的灌水器孔径的 1/10～1/7。筛网的目数与孔径尺寸的关系见表 2-2。

图 2-7　筛网式过滤器外观及滤芯

表 2-2　筛网规格与孔口大小的对应关系

滤网规格/目	孔口大小		土粒类别	粒径/毫米
	毫米	微米		
20	0.711	711	粗砂	0.50～0.75
40	0.420	420	中砂	0.25～0.40
50	0.180	180	细砂	0.15～0.20
100	0.152	152	细砂	0.15～0.20
120	0.125	125	细砂	0.10～0.15
150	0.105	105	极细砂	0.10～0.15
200	0.074	74	极细砂	<0.10
250	0.053	53	极细砂	<0.10
300	0.044	44	粉砂	<0.10

过滤器孔径大小的选择要根据所用灌水器的类型及流道断面大小而定。同时由于过滤器减小了过流断面，存在一定的水头损失，在进行系统设计压力的推算时一定要考虑过滤器的压力损失范围，否则当过滤器发生一定程度的堵塞时会影响系统的灌水质量。一般来说，喷灌要求 40～80 目过滤，微喷要求 80～100 目过滤，滴灌要求 100～150 目过滤。但过滤目数越大，压力损失越大，能耗越多。

（2）叠片式过滤器　叠片式过滤器是由大量很薄的圆形片重叠起来并锁紧形成一个圆柱形滤芯，每个圆形叠片的两个面分布着许多滤槽，当水流经过这些叠片时，利用盘壁和滤槽来拦截杂质污物，这种类型的过滤器过滤效果要优于筛网式过滤器，其过滤能力在 40～400 目之间可用于初级和终级过滤，但当水源水质较差时不宜用于初级过滤，否则清洗次数过多，反而带来不便（图 2-8、图 2-9）。

图 2-8　叠片式过滤器外观及叠片

（3）离心式过滤器　离心式过滤器又称为旋流水砂分离过滤器或涡流式水砂分离器，是由高速旋转水流产生的离心力将砂粒和其他较重的杂质从水体中分离出来，它内部没有滤网，也没有可拆卸

过滤状态　　反冲洗状态

进水　　出水　　排污　反冲洗进水

图 2-9　自动反冲洗叠片式过滤器

的部件，保养维护很方便。这类过滤器主要应用于高含砂量水源的过滤，当水中含砂量较大时，应选择离心式过滤器为主过滤器。它由进水口、出水口、旋涡室、分离室、储污室和排污口等部分组成（图 2-10）。

离心式过滤器的工作原理是当压力水流从进水口以切线方向进入旋涡室后做旋转运动，水流在做旋转运动的同时也在重力作用下向下运动，在旋流室内呈螺旋状运动，水中的泥沙颗粒和其他固体物质在离心力的作用下被抛向分离室壳壁上，在重力作用下沿壁面渐渐向下移动，向储污室中汇集。在储污室内横断面增大，水流速度下降，泥沙颗粒受离心力作用减小，受重力作用加

图 2-10　离心式过滤器

大，最后深沉下来，再通过排污管排出过滤器。而在旋涡中心的净水速度比较低，位能较高，于是做螺旋运行上升经分离器顶部的出水口进入灌溉管道系统。

　　离心式过滤器因其是利用旋转水流和离心作用使水砂分离而进行过滤的，因而对高含砂水流有较理想的过滤效果，但是较难除去与水密度相近和密度比水小的杂质。另外在水泵启动和停机时由于系统中水流流速较小，过滤器内所产生的离心力小，其过滤效果较差，会有较多的砂粒进入系统，因而离心式过滤器一般不能单独承担微灌系统的过滤任务，必须与筛网式或叠片式过滤器结合运用，以水砂分离器作为初级过滤器，这样会起到较好的过滤效果，延长冲洗周期。离心式过滤器底部的储污室必须频繁冲洗，以防沉积的泥沙再次被带入系统。离心式过滤器有较大的水头损失，在选用和设计时一定要将这部分水头损失考虑在内（图2-11）。

图2-11　离心式过滤器与筛网式过滤器组合使用

　　（4）砂石过滤器　砂石过滤器又称介质过滤器。它是利用砂石作为过滤介质进行过滤的，一般选用玄武岩砂床或石英砂床，砂砾的粒径大小根据水质状况、过滤要求及系统流量确定。砂石过滤器对水中的有机杂质和无机杂质的滤出和存留能力很强，并可不间断供水。当水中有机物含量较高时，无论无机物含量有多少，均应选用砂石过滤器，砂石过滤器的优点是过滤能力强、适用范围很广，不足之处在于占的空间比较大、造价比较高。它一般用于地表水源的过滤，使用时根据出水量和过滤要求可选择单一过滤器或两个以上的过滤器组进行过滤。

砂石过滤器主要由进水口、出水口、过滤器壳体、过滤介质砂砾和排污孔等部分组成，见图 2-12。其工作原理是当水由进水口进入过滤器并经过砂石过滤床时，因过滤介质间的孔隙曲折而又小，水流受阻流速减小，水源中所含杂质就会被阻挡而沉淀或附着到过滤介质表面，从而起到过滤作用，经过滤后的干净水从出水口进入灌溉管道系统。当过滤器两端压力差超过 30～50 千帕时，说明过滤介质被污物堵塞严重，需要进行反冲洗，反冲洗是通过过滤器控制阀门使水流产生逆向流动，将以前过滤阻拦下来的污物通过排污口排出。为了使灌溉系统在反冲洗过程中也能同时向系统供水，常在首部枢纽安装两个以上过滤器，其工作过程见图 2-13。

图 2-12　砂石过滤器

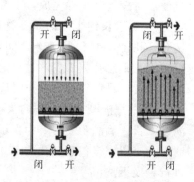

图 2-13　砂石过滤器工作状态

砂石过滤器的过滤能力主要决定于所选用的砂石的性质及粒径

级配，不同粒径组合砂石的过滤能力不同，同时由于砂石与灌溉水充分接触，且在反冲洗时会产生摩擦，因此砂石过滤器用砂应满足以下要求：具有足够的机械强度，以防反冲洗时砂粒产生磨损和破碎现象；砂具有足够的化学稳定性，以免砂粒与化肥、农药、水处理用酸碱等化学物品发生化学反应，产生引起微灌堵塞的物质，更不能产生对动植物有不良反应的物质；具有一定颗粒级配和适当孔隙率；尽量就地取材，且价格便宜。

（5）自制过滤设备　在自压灌溉系统包括扬水自压灌溉系统中，管道入水口处压力都是很低的，在这种情况下如果直接将上述任何一种过滤器安装在管道入水口处，则会由于压力过小而使过滤器中流量很小，不能满足灌溉要求。如果安装过多的过滤器，不仅使设计安装过于复杂，而且会大大增加系统投资，此时只要自行制作一个简单的管道入口过滤设备，既可完全满足系统过滤要求，也可达到系统流量要求，而且投资很小。下面介绍一种适用于扬水自压灌溉的过滤设备。

扬水自压灌溉系统在丘陵地区应用非常广泛，一般做法是在灌区最高处修建水池，利用水泵扬水至水池，然后利用自然高差进行灌溉，这种灌溉系统的干管直接与水池相接，根据这个特点，自制过滤器可按下列步骤完成，干管管径以 90 毫米为例。

① 截取长约 1 米的 110 毫米或 90 毫米 PVC 管，在管上均匀钻孔，孔径在 40～50 毫米之间，孔间距控制在 30 毫米左右。孔间距过大，则总孔数太少，过流量会减少；孔间距过小，则会降低管段的强度，易遭破坏，制作时应引起注意。

② 根据灌溉系统类型购买符合要求的滤网。喷灌 80 目，微喷灌 100 目，滴灌 120 目。为保证安全耐用，建议购买不锈钢滤网，滤网大小以完全包裹钻孔的 110 毫米 PVC 管为宜，也可多购一些，进行轮换拆洗。

③ 滤网包裹。将滤网紧贴管外壁包裹一周，并用铁丝或管箍扎紧，防止松落，特别要注意的是整个管段除一端不包外，其余部位全部用滤网包住，防止水流不经过滤网直接进入管道，如果对一

端管口进行包裹时觉得有些不便操作，可以用管堵直接将其堵死，仅在管壁包裹滤网即可。

④ 通过另一端与干管连接。此过滤设备最好用活接头、管螺纹或法兰与干管连接，以利于拆洗及检修。此过滤设备个数可根据灌溉系统流量要求确定，且在使用过程中要定期检查清洗滤网，否则也会因严重堵塞造成过流量减小，影响灌溉质量。

（6）拦污栅（网）　很多灌溉系统是以地表水作为水源的，如河流、塘库等，这些水体中常含有较大体积的杂物，如枯枝残叶、藻类、杂草和其他较大的漂浮物等，为防止这些杂物进入深沉池或蓄水池中，增加过滤器的负担，常在蓄水池进口水源中水泵进口处安装一种网式拦污栅（图 2-14），作为灌溉水源的初级净化处理设施。拦污栅构造简单，可以根据水源实际情况自行设计和制作。

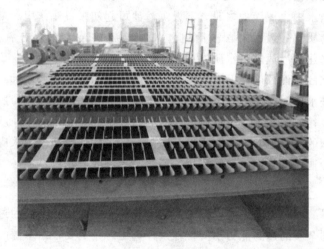

图 2-14　拦污栅

（7）沉沙池　沉沙池是灌溉用水水质净化的初级处理设施之一，尽管是一种简单而又古老的水处理方法，但却是解决多种水源水质净化问题的有效且经济的一种处理方式（图 2-15）。

图 2-15　灌溉用的沉沙池

　　沉沙池的作用表现在两个方面。一是清除水中存在的固体物质。当水中含泥沙太多时，下设沉沙池可起初级过滤作用。二是去除铁物质。一般水中含沙量超过 200 毫克/升或水中含有氧化铁，均需修建沉沙池进行水质处理。

　　沉沙池设计应遵循以下原则：灌溉系统的取水口尽量远离沉沙池的进水口；在灌溉季节结束后，沉沙池必须能保证清除掉所沉积的泥沙；灌溉系统尽量提取沉沙池的表层水；在满足沉沙速度和沉沙面积的前提下，应建窄长形沉沙池；从过滤器反冲出的水应回流至沉沙池，但其回水口应尽量远离灌溉系统的取水口。

3. 过滤器的选型

　　过滤器在微灌系统中起着非常重要的作用，不同类型的过滤器对不同杂质的过滤能力不同，在设计选型时一定要根据水源的水质情况、系统流量及灌水器要求选择既能满足系统要求且操作方便的过滤器类型及组合。过滤器选型一般有以下几个步骤。

　　第一步，根据灌溉水杂质种类及各类杂质的含量选择过滤器类型。地面水（江河、湖泊、塘库等）一般含有较多的砂石和有机物，宜选用砂石过滤器作为一级过滤设施，如果杂质体积比较大，还需要用拦污栅作初级拦污过滤；如果含沙量大，还需要设置沉沙池作初级拦污过滤。地下水（井水）中的杂质一般以砂石为主，宜选用离心式过滤器作为一级过滤设施。无论是砂石过滤器还是离心式过滤器，都可以根据需要选用筛网式过滤器或叠片式过滤器作为二级过滤设施。对于水质较好的水源，可直接选用筛网式或叠片式过滤器。表 2-3 总结了不同类型过滤器对去除浇灌水中不同污物的有效性。

表 2-3　过滤器的类型选择

污物类型	污染程度	定量标准/（毫克/升）	离心式过滤器	砂石过滤器	叠片式过滤器	自动冲洗筛网过滤器	控制过滤器的选择
土壤颗粒	低	≤50	A	B	—	C	筛网
	高	>50	A	B	—	C	筛网
悬浮固体物	低	≤80	—	A	B	C	叠片
	高	>80	—	A	B	—	叠片
藻类	低			B	A	C	叠片
	高			B	A		叠片
氧化铁和锰	低	≤50		B	A	A	叠片
	高	>50		A	B	B	叠片

注：控制过滤器指二级过滤器。A 为第一选择方案；B 为第二选择方案；C 为第三选择方案。

第二步，根据灌溉系统所选灌水器对过滤器的能力要求确定过滤器的目数大小。一般来说，喷灌要求 40～80 目过滤，微喷要求 80～100 目过滤，滴灌要求 100～150 目过滤。

第三步，根据系统流量确定过滤器的过滤容量。

第四步，确定冲洗类型。在有条件的情况下，建议采用自动反冲洗类型，以减少维护和工作量。特别是劳力短缺及灌溉面积大时，自动反冲洗过滤器应优先考虑。

　　第五步，考虑价格因素。对于具有相同过滤效果的不同过滤器来说，选择过滤器时主要考虑价格高低，一般砂石过滤器是最贵的，而叠片式或筛网式过滤器则是相对便宜的。

三、控制和测量设备

　　为了确保灌溉施肥系统正常运行，首部枢纽中还必须安装控制部件、保护装置、测量装置，如进排气阀、逆止阀、压力表和水表等。

1. 控制部件

　　控制部件的作用是控制水流的流向、流量和总供水量，它是根据系统设计灌水方案，有计划地按要求的流量将水流分配输送至系统的各部分，主要有各种阀门和专用给水部件。

　　（1）给水栓　给水栓是指地下管道系统的水引出地面进行灌溉的放水口，根据阀体结构形式可分为移动式给水栓、半固定式给水栓和固定式给水栓（图 2-16）。

　　（2）阀门　阀门是喷灌系统必用的部件，主要有闸阀、蝶阀、球阀、截止阀、止回阀、安全阀、减压阀等（图 2-17～图 2-19）。在同一灌溉系统中，不同的阀门起着不同的作用，使用时可根据实际情况选用不同类型的阀门，表 2-4 列出了喷灌和微灌用各种阀门的作用及特点，在选择时供参考。

图 2-16　给水栓

图 2-17　蝶阀

图 2-18 PVC 球阀

图 2-19 止回阀

表 2-4 各类阀门的作用、特点及应用

阀门类型	作用	特点及应用
闸阀	截断和接通管道中的水流	阻力小,开关力小,水可从两个方向流动,占用空间较小,但结构复杂,密封面容易被擦伤而影响止水功能,高度较大
球阀	截断和接通管道中的水流	结构简单,体积小,重量轻,对水流阻力小,但启闭速度不易控制,可能使管内产生较大的水锤压力。多安装于喷洒支管进口处,控制喷头,而且可起到关闭移动支管接口的作用
蝶阀	开启可关闭管道中的水流流动,也可起调节作用	启闭速度较易控制,常安装于水泵出水口处
止回阀	防止水流逆流	阻力小,顺流开启,逆流关闭,水流驱动,防止水泵倒转和水流倒流产生水锤压力,也可防止管道中肥液倒流而腐蚀水泵、污染水源
安全阀	压力过高时打开泄压	安装于管道始端和易产生水柱分离处,防止水锤
减压阀	压力超过设定工作压力时自动打开,降低压力,保护设备	安装于地形较陡管线急剧下降处的最低端,或当自压喷灌中压力过高时安装于田间管道入口处
空气阀	排气、进气	管道内有高压空气时排气,防止管内产生真空时进气,防止负压破坏。安装于系统最高处和局部高处

2. 安全保护装置

灌溉系统运行中不可避免地会遇到压力突然变化、管道进气、突然停泵等一些异常情况，影响系统的正常运行，因此在灌溉系统相关部位必须安装安全保护装置，防止系统内因压力变化或水倒流对灌溉设备产生破坏，保证系统正常运行。常用的设备有进（排）气阀、安全阀、调压装置、逆止阀、泄水阀等。

（1）进（排）气阀　进（排）气阀（图 2-20）是能够自动排气和进气，且当压力水来时能够自动关闭的一种安全保护设备，主要作用是排除管内空气、破坏管道真空，有些产品还具有止回水功能。当管道开始输水时，管道内的空气受水的挤压向管道高处集中，如空气无法排出，就会减小过水断面，严重时会截断水流，还会造成高于工作压力数倍的压力冲击。当水泵停止供水时，如果管道中有较低的出水口（如灌水器），则管道内的水会流向系统低处而向外排出，此时会在管内较高处形成真空负压区，压差较大时对管道系统不利，解决此类问题的方法便是在管道系统的最高处和管路中凸起处安装进（排）气阀。进（排）气阀是管路安全的重要设备，不可缺少。一些非专业的设计不安装进（排）气阀导致爆管及管道吸扁现象，使系统无法正常工作。

图 2-20　进（排）气阀　　　　图 2-21　安全阀

（2）安全阀　安全阀（图 2-21）是一种压力释放装置，当管道的水压超过设定压力时自动打开泄压，防止水锤事故，一般安装在管路的较低处。在不产生水柱分离的情况下，安全阀安装在系统首部（水泵出水端），可对整个喷灌系统起保护作用。如果管道内产生水柱分离，则必须在管道沿程一处或几处安装安全阀才能达到防止水锤的目的。

3. 流量与压力调节装置

当灌溉系统中某些区域实际流量和压力与设计的流量和压力相差较大时，就需要安装流量与压力调节装置来调节管道中的压力和流量。特别是在利用自然高差进行自压喷灌时，往往存在灌溉区管道内压力分布不均匀，或实际压力大于喷头工作压力导致流量与压力分布不均匀，或实际压力大于喷头工作压力导致流量与压力很难满足要求，也给喷头选型带来困难，此时除进行压力分区外，在管道系统中安装流量与压力调节装置是极为必要的。流量与压力调节装置都是通过自动改变过水断面来调节流量与压力的，实际上是通过限制流量的方法达到减小流量或压力的一种装置，并不会增加系统流量或压力。根据此工作原理，在生产实践中，考虑到投资问题，也有用球阀、闸阀、蝶阀等作为调节装置的，但这一方面会影响到阀门的使用寿命，另一方面也很难进行流量与压力的精确调节。

4. 测量装置

灌溉系统的测量装置主要有压力表、流量计和水表，其作用是系统工作时实时监测管道中的工作压力和流量，正确判断系统工作状态，及时发现并排除系统故障。

（1）压力表 压力表（图 2-22）是所有设施灌溉系统必需的测量装置，它是测量系统管道内水压的仪器，它能够实时反映系统是否处于正常工作状态，当系统出现故障时，可根据压力表读数变化的大小初步判断可能出现的故障类型，压力表常安装于首部枢纽、轮灌区入口、支管入口等控制节点处，实际数量及具体位置要根据灌区面积、地形复杂程度等确定。在过滤器前后一般各需安装

1个压力表，通过两端压力差大小判断过滤器堵塞程度，以便及时清洗，防止过滤器堵塞减小过水断面，造成田间工作压力及流量过小而影响灌溉质量。喷灌用压力表要选择灵敏度高、工作压力处于压力表主要量程范围内、表盘较大、易于观看的优质产品。喷灌系统的工作状态除田间观察外，主要由压力表反映，因此，必须保证压力表处于正常工作状态，出现故障要及时更换。

（2）流量计和水表　流量计和水表都是测量水流流量的仪器，两者不同之处是流量计（图 2-23）能够直接反映管道内的流量变化，不记录总过水量；而水表反映的是通过管道的累积水量，不能记录实时流量，要获得系统流量时需要观测计算，一般安装于首部枢纽或干管上。在配备自动施肥机的喷灌系统中，由于施肥机需要按系统流量确定施肥量的大小，因而需安装一个自动测量水表。

图 2-22　压力表

图 2-23　流量计

5. 自动化控制设备

设施灌溉系统的优点之一是容易实现自动化控制。自动化控制技术能够在很大程度上提高灌溉系统的工作效率。采用自动化控制灌溉系统具有以下优点：能够做到适时适量地控制灌水量、灌水时间和灌水周期，提高水分利用效率；大大节约劳动力，提高工作效率，减少运行费用；可灵活方便地安排灌水计划，管理人员不必直接到田间进行操作；可增加系统每天的工作时间，提高设备利用率。设施灌溉的自动化控制系统主要由中央控制器、自动阀、传感器等设备组成，其自动化程度可根据用户要求、经济实力、种植作物的经济效益等多方面综合考虑确定。

（1）中央控制器　中央控制器（图2-24）是自动化灌溉系统的控制中心，管理人员可以通过输入相应的灌溉程序（灌水开始时间、延续时间、灌水周期）进行对整个灌溉系统的控制。由于控制器价格比较昂贵，控制器类型的选择应根据实际的容量要求和要实现的功能多少而定。

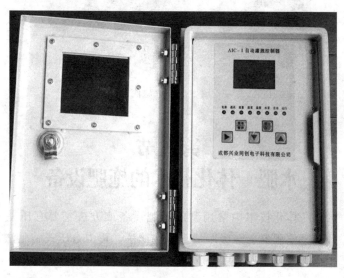

图 2-24　中央控制器

（2）自动阀　自动阀的种类很多，其中电磁阀（图2-25）是在自动化灌溉系统中应用最多的一种，电磁阀是通过中央控制器传送的电信号来打开或关闭阀门的，其原理是电磁阀在接收到电信号后，电磁头提升金属塞，打开阀门上游与下游之间的通道，使电磁阀内橡胶隔膜上面与下面形成压差，阀门开启。

图 2-25　电磁阀

第二节
水肥一体化技术的施肥设备

　　水肥一体化技术中常用到的施肥设备或方法主要有压差施肥罐、文丘里施肥器、泵吸肥法、泵注肥法、重力自压式施肥法、注射泵、施肥机等。

一、压差施肥罐

1. 基本原理

　　压差施肥罐由两根细管（旁通管）与主管道相接，在主管道上两根细管接点之间设置一个节制阀（球阀或闸阀）以产生一个较小的压力差（1～2米水压），使一部分水流流入施肥罐，进水管直达罐底，水溶解罐中肥料后，肥料溶液由另一根细管进入主管道，将肥料带至作物根区（图 2-26～图 2-28）。

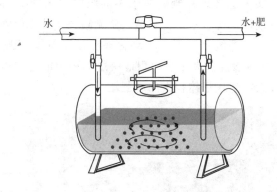

水

水+肥

图 2-26　压差施肥罐示意图

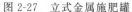

施肥罐

图 2-27　立式金属施肥罐

图 2-28　立式塑料施肥罐

　　肥料罐是用抗腐蚀的陶瓷衬底或镀锌铸铁、不锈钢或纤维玻璃做成的，以确保经得住系统的工作压力和抗肥料腐蚀。在低压滴灌系统中，由于压力低（约 10 米水压），也可用塑料罐，固体可溶肥料在肥料罐内逐渐溶解，液体肥料则与水快速混合。随灌溉的进行，肥料不断被带走，肥料溶液不断被稀释，养分越来越低，最后肥料罐里的固体肥料都流走了（图 2-29）。该系统较简单、便宜，不需要用外部动力就可以达到较高的稀释倍数。然而，该系统也存在一些缺陷，如无法精确控制灌溉水中的肥料注入速率和养分浓度，每次灌溉之前都得重新将肥料装入施肥罐内。节流阀增加了压力的损失，而且该系统不能用于自动化操作。肥料罐常做成 10～300 升的规格。一般温室大棚小面积地块用体积小的施肥罐，大田轮灌区面积较大的地块用体积大的施肥罐。

图 2-29　向施肥罐添加肥料

2. 优缺点

压差施肥罐的优点：设备成本低，操作简单，维护方便；适合施用液体肥料和水溶性固体肥料，施肥时不需要外加动力；设备体积小，占地少。

压差施肥罐的缺点：为定量化施肥方式，施肥过程中的肥液浓度不均一；易受水压变化的影响；存在一定的水头损失，移动性差，不适宜用于自动化作业；锈蚀严重，耐用性差；由于罐口小，加入肥料不方便，特别是轮灌区面积大时，每次的肥料用量大，而罐的体积有限，需要多次倒肥，降低了工作效率。

3. 适用范围

压差施肥罐适用于包括温室大棚、大田种植等多种形式的水肥一体化灌溉施肥系统。对于不同压力范围的系统，应选用不同材质的施肥罐，因为不同材质的施肥罐其耐压能力不同。

二、文丘里施肥器

1. 基本原理

水流通过一个由大渐小然后由小渐大的管道时（文丘里管喉部），水流经狭窄部分时流速加大，压力下降，使前后形成压力差，当喉部有一更小管径的入口时，形成负压，将肥料溶液从一敞口肥料罐通过小管径细管吸取上来。文丘里施肥器即根据这一原理制成（图2-30、图2-31）。文丘里施肥器用抗腐蚀材料制作，如塑料和不锈钢，现绝大部分为塑料制造。文丘里施肥器的注入速度取决于产生负压的大小（即所损耗的压力）。损耗的压力受施肥器类型和操作条件的影响，损耗量为原始压力的10%～75%。表2-5列出了压力损耗与吸肥量（注入速度）的关系。

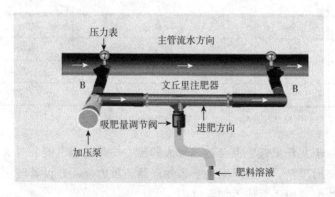

图2-30　文丘里施肥器示意图

图 2-31 文丘里施肥器

表 2-5 文丘里施肥器的压力损耗（产生负压时的压力差）
与吸肥量的关系

型号	压力损耗/%	流经文丘里管道的水流量/(升/分钟)	吸肥量/(升/小时)
1	26	1.89	22.7
2	25	7.95	37.8
3	18	12.8	64.3
4	16	24.2	94.6
5	16	45.4	227.1
6	18	64.3	283.8
7	18	128.6	681.3
8	18	382	1892
9	50	7.94	132.4
10	32	45.4	529.9
11	35	136.2	1324.7
12	67	109.7	4277

注：流经文丘里管道的水流量为压力 0.35 兆帕时测定。

由于文丘里施肥器会造成较大的压力损耗，通常安装时加装一个小型增压泵。一般厂家均会告知产品的压力损耗，设计时根据相关参数配置加压泵或不加泵（图 2-32）。

文丘里施肥器的操作需要有过量的压力来保证必要的压力损

图 2-32　文丘里施肥器的应用

耗；施肥器入口稳定的压力是养分浓度均匀的保证。压力损耗量用占入口处压力的百分数来表示，吸力产生需要损耗入口压力的20％以上，但是两级文丘里施肥器只需损耗 10％ 的压力。吸肥量受入口压力、压力损耗和吸管直径影响，可通过控制阀和调节器来调整。文丘里施肥器可安装于主管路上（串联安装，图 2-33）或者作为管路的旁通件安装（并联安装，图 2-34）。在温室里，作为旁通件安装的施肥器其水流由一个辅助水泵加压。

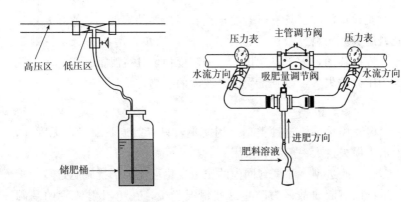

图 2-33　文丘里施肥器串联安装　　　图 2-34　文丘里施肥器并联安装

文丘里施肥器的主要工作参数有以下几个。一是进口处工作压力（$P_进$）。二是压差，压差（$P_进 - P_出$）常被表达成进口压力的百分比，只有当此值降到一定值时，才开始抽吸。如前所述，这一值约为 1/3 的进口压力，某些类型高达 50%，较先进的可小于 15%。表 2-6 列出了压力差与吸肥量的关系。三是抽吸量，指单位时间内抽吸液体肥料的体积，单位为升/小时。抽吸量可通过一些部件调整。四是流量，是指流过施肥器本身的水流量。进口压力和喉部尺寸影响着施肥器的流量。流量范围由制造厂家给定。每种类型只有在给定的范围内才能准确地运行。

表 2-6　文丘里施肥器压力差与吸肥量的关系

入口压力 P_1/千帕	出口压力 P_2/千帕	压力差 ΔP/千帕	吸肥流量 Q_1 /(升/小时)	主管流量 Q_2 /(升/小时)	总流量 $Q_1 + Q_2$ /(升/小时)
150	60	90	0	1260	1260
150	30	120	321	2133	2454
150	0	150	472	2008	2480
100	20	80	0	950	950
100	0	100	354	2286	2640

注：表中数据为天津水利科学研究所研制的单向阀文丘里注肥器测定。

文丘里施肥器具有显著的优点：不需要外部能源，直接从敞口肥料罐吸取肥料，吸肥量范围大，操作简单，磨损率低，安装简易，方便移动，适于自动化，养分浓度均匀且抗腐蚀性强。不足之处为压力损失大，吸肥量受压力波动的影响。

2. 主要类型

（1）简单型　这种类型结构简单，只有射流收缩段，无附件，因水头损失过大一般不宜采用。

（2）改进型　灌溉管网内的压力变化可能会干扰施肥过程的正常运行或引起事故。为防止这些情况发生，在单段射流管的基础上，增设单向阀和真空破坏阀。当产生抽吸作用的压力过小或进口压力过低时，水会从主管道流进储肥罐以至产生溢流。在抽吸管前安装一个单向阀或在管道上装一球阀均可解决这一问题。当文丘里施肥器的吸入室为负压时，单向阀的阀芯在吸力作用下关闭，防止水从吸入口流出（图2-35）。

当敞口肥料桶安放在田块首部时，罐内肥液可能在灌溉结束时因出现负压面被吸入主管，再流至田间最低处，既浪费肥料而且可能烧伤作物。在管路中安装真空破坏阀，无论系统何处出现局部真空都能及时补进空气。

图2-35　带单向阀的文丘里施肥器

有些制造厂提供各种规格的文丘里喉部，可按所需肥料溶液的数量进行调换，以使肥料溶液吸入速率稳定在要求的水平上。

（3）两段式　国外研制了改进的两段式结构（图2-36），使得吸肥时的水头损失只有入口处压力的12%～15%，因而克服了文丘里施肥器的基本缺陷，并使之获得了广泛的应用。不足之处是流量相应降低了。

3. 优缺点

文丘里施肥器的优点：设备成本低，维护费用低；施肥过程可维持均一的肥液浓度，施肥过程无需外部动力；设备重量轻，便于移动和用于自动化系统；施肥时肥料罐为敞开环境，便于观察施肥进程。

文丘里施肥器的缺点：施肥时系统水头压力损失大；为补偿水头损失，系统中要求较高的压力；施肥过程中的压力波动变化大；为使系统获得稳压，需配备增压泵；不能直接使用固体肥料，需把固体肥料溶解后施用。

4. 适用范围

文丘里施肥器因其出流量较小，主要适用于小面积种植场所，

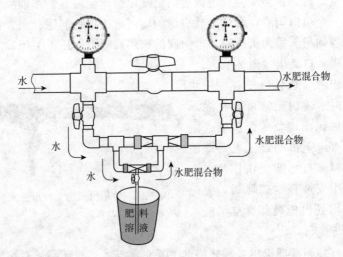

图 2-36　两段式文丘里施肥器

如温室大棚种植或小规模农田。

5. 文丘里施肥器的安装

在大多数情况下，文丘里施肥器安装在旁通管上（并联安装），这样只需部分流量经过射流段。当然，主管道内必须产生与射流管内相等的压力降。这种旁通运行可使用较小（较便宜）的文丘里施肥器，而且更便于移动。当不加肥时，系统也工作正常。当施肥面积很小且不考虑压力损耗时，也可串联安装。

在旁通管上安装的文丘里施肥器，常采用旁通调压阀产生压差。调压阀的水头损失足以分配压力。如果肥液在主管过滤器之后流入主管，抽吸的肥水要单独过滤。常在吸肥口包一块 100～120 目的尼龙网或不锈钢网，或在肥液输送管的末端安装一个耐腐蚀的过滤器（1/2 英寸或 1 英寸），筛网规格为 120 目（图 2-37）。有的厂家产品出厂时已在管末端连接好不锈钢网。输送管末端结构应便于检查，必要时可进行清洗。肥液罐（或桶）应低于射流管，以防止肥液在不需要时自压流入系统。并联安装方法可保持出口端的恒压，适合于水流稳定的情况。当进口处压力较高时，在旁通管入口端可安装一个小的调压阀，这样在两端都有安全措施。

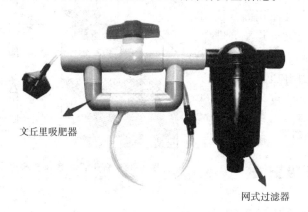

图 2-37 带过滤器的文丘里施肥器

因文丘里施肥器对运行时的压力波动很敏感，应安装压力表进行监控。一般在首部系统都会安装多个压力表。节制阀两端的压力表可测定节制阀两端的压力差。一些更高级的施肥器本身即配有压力表供监测运行压力。

三、重力自压式施肥法

1. 基本原理

在应用重力滴灌或微喷灌的场合，可以采用重力自压式施肥法。在南方丘陵山地果园或茶园，通常引用高处的山泉水或将山脚水源泵至高处的蓄水池。通常在水池旁边高于水池液面处建立一个敞口式混肥池，池大小为 $0.5 \sim 5.0$ 米^3，可以是方形或圆形，方便搅拌溶解肥料即可。池底安装肥液流出的管道，出口处安装 PVC 球阀，此管道与蓄水池出水管连接。池内用 $20 \sim 30$ 厘米长的大管径（如 $\phi 75$ 毫米或 $\phi 90$ 毫米）PVC 管。管入口用 $100 \sim 120$ 目尼龙网包扎。为扩大肥料的过流面积，通常在管上钻一系列的扎，用尼龙网包扎（图 2-38）。

2. 应用范围

我国华南、西南、中南等地有大面积的丘陵山地茶园及大田作物，非常适合采用重力自压灌溉。采用重力自压施肥简单方便。施肥浓度均匀，农户易于接受。不足之处是必须把肥料运送到山顶。

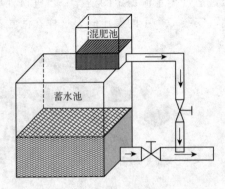

图 2-38　自压式灌溉施肥示意图

四、泵吸肥法

1. 基本原理

泵吸肥法（图 2-39）是利用离心泵直接将肥料溶液吸入灌溉系统，适合于几十公顷以内面积的施肥。为防止肥料溶液倒流入水池而污染水源，可在吸水管上安装逆止阀。通常在吸肥管的入口包上 100～120 目滤网（不锈钢或尼龙），防止杂质进入管道。

2. 优缺点

该法的优点是不需外加动力，结构简单，操作方便，可用敞口容器盛肥料溶液。施肥时通过调节肥液管上阀门可以控制施肥速度，精确调节施肥浓度。缺点是施肥时要有人照看，当肥液快完时应立即关闭吸肥管上的阀门，否则会吸入空气，影响泵的运行。

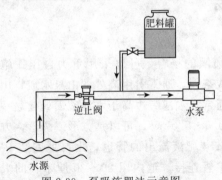

图 2-39　泵吸施肥法示意图

五、泵注肥法

1. 基本原理

泵注肥法是利用加压泵将肥料溶液注入有压管道（图 2-40），通常泵产生的压力必须要大于输水管的水压，否则肥料注不进去。对用深井泵或潜水泵抽水直接灌溉的地区，泵注肥法是最佳选择。

2. 优缺点

泵注肥法施肥速度可以调节，施肥浓度均匀，操作方便，不消耗系统压力。不足之处是要单独配置施肥泵。对施肥不频繁的地区，可以

图 2-40　利用加压泵将肥料注入管道

使用普通清水泵，施完肥后用清水清洗，一般不生锈。但对于频繁施肥的地区，建议用耐腐蚀的化工泵。

六、注射泵

在无土栽培技术应用普遍的国家（如荷兰、以色列等），注射泵的应用很普遍，有满足各种用户需要的产品。注射泵是一种精确施肥设备，可控制肥料用量或施肥时间，在集中施肥和复杂控制的同时还易于移动，不给灌溉系统带来水头损失，运行费较低等。但注射泵装置复杂，与其他施肥设备相比价格昂贵，肥料必须溶解后使用，有时需要外部动力。电力驱动泵还存在特别风险，当系统供水受阻中断后，往往注肥仍在进行。目前常用的类型有膜式泵、柱塞泵等。

1. 水力驱动泵

这种泵以水压力为运行动力，因此在田间只要有灌溉供水管道就可以运行。一般的工作压力最小值是 0.3 兆帕。流量取决于泵的规格。同一规格的泵水压力也会影响流量，但可调节。此类泵一般为自动控制，泵上安有脉冲传感器将活塞或隔膜的运动转变为电信号来控制吸肥量。灌溉中断时注肥立即停止，停止施肥时泵会排出一部分驱动水。由于此类泵主要用于大棚温室中的无土栽培，泵一般安置在系统首部，但也可以移动。典型的水动力泵有隔膜泵和柱塞泵。

（1）隔膜泵　这种泵有两个膜部件，一个安装在上面，一个安装在下面，之间通过一根竖直杠杆连接。一个膜部件是营养液槽，另一个是灌溉水槽。灌溉水同时进入到两个部件中较低的槽，产生向上的运动。运动结束时分流阀将肥料吸入口关闭并将注射进水口打开，膜下两个较低槽中的水被射出。向下运动结束时，分流阀关闭出水口并打开进水口，再向上运动。当上方的膜下降时，开始吸取肥料溶液；而当向上运动时，则将肥料溶液注入灌溉系统中。膜式泵比活塞注射泵昂贵，但是它的运动机件较少，而且组成部分与腐蚀性肥料溶液接触的面积较小。隔膜泵的流量为 3~1200 升/小时，工作压力为 0.14~0.8 兆帕。肥料溶液注入量与排水量之比为1:2。由一个计量阀和脉冲转换器组成的阀对泵进行调控，主要调控预设进水量与灌溉水流量的比率。可采用水力驱动的计量器按比例加肥灌溉。在泵上安装电子微断流器将电脉冲转化为信息传到灌溉控制器来实现自动控制。隔膜泵的材料通常采用不锈钢和塑料（图 2-41）。

（2）柱塞泵　柱塞泵利用加压灌溉水来驱动活塞。它所排放的水量是注入肥料溶液的 3 倍。泵外形为圆柱体并含有一个双向活塞和一个使用交流电的小电机，泵从肥料罐中吸取肥料溶液并将它注入灌溉系统中。泵启动时有一个阀门将空气从系统中排出，并防止供水中断时肥料溶液虹吸到主管。柱塞泵的流量为 1~250 升/小时，工作压力为 0.15~0.80 兆帕。可用流量调节器来调节泵的施肥量或在驱动泵的供水管内安装水计量阀来调节。与注射器相连的脉冲传感器可将脉冲转化为电信号并将信号传送给溶液注入控制

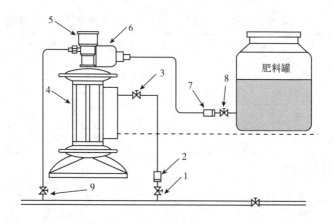

图 2-41　隔膜施肥泵工作原理图

1—动力水进口阀；2—驱动水过滤阀；3—调节阀；4—肥料注射器；
5—逆止阀；6—吸力阀；7—肥料过滤器；8—施肥阀；9—肥料出口阀

器，然后控制器据此调整灌溉水与注入溶液的比率。在国内使用较多的为法国 DOSATRONL 国际公司的施肥泵和美国 DOSMATIC 国际公司的施肥泵，均有多种型号，肥水稀释比例从几百至几千倍不等（表 2-7，图 2-42、图 2-43）。

图 2-42　美国 DOSMATIC 国际
公司的施肥泵

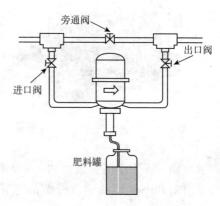

图 2-43　柱塞泵安装示意图

表 2-7   美国 DOSMATIC 国际公司几种型号的施肥泵的技术参数

型号	最小流量/(升/分钟)	最大流量/(立方米/小时)	最小稀释比例	最大稀释比例	压力范围/千帕
A10 2.5%	0.1	2.7	200∶1	40∶1	40~690
A15 4 毫升	0.15	4.5	4000∶1	250∶1	27~600
A30 2.5%	0.9	6.8	500∶1	40∶1	33~690
A30 4 毫升	0.9	6.8		250∶1	33~690
A40 2.5%	1.9	9.1	500∶1	40∶1	22~690
A80 2.5%	3.8	18	500∶1	100∶1	33~690
A120（单注射）	57	27.2	500∶1	100∶1	140~820

2. 电机或内燃机驱动施肥泵

电动泵类型及规格很多，从仅供几升的小流量泵到与水表连接能按给定比例注射肥料溶液和供水的各种泵型。因需电源，这些泵适合在固定的场合如温室或井边使用。因肥料会腐蚀泵体，常用不锈钢或塑料材质制造。用内燃机（含拖拉机）驱动的泵常见的是拖拉机拖动或机载的喷油机泵，系统包括单独的内燃机或直接利用拖拉机的柴油发动机，泵应是耐腐蚀的，并需配置数百升容积的施肥罐。优点是启动和停机均靠手动操作，便于移动，供水量可以调节等（图2-44）。

图 2-44   内燃机驱动的田间移动施肥泵

第三节
水肥一体化技术的输配水
管网

　　水肥一体化技术中输配水管网包括干管、支管和毛管，由各种管件、连接件和压力调节器等组成，其作用是向田间和作物输水肥和配水肥。

一、喷灌的管道与管件

　　喷灌管道是喷灌工程的主要组成部分，其作用是向喷头输送具有一定压力的水流，所以喷灌用管道必须能够承受一定的压力，保证在规定工作压力下不发生开裂及爆管现象，以免造成人身伤害和财产损失。最好选用名牌和国优产品，要求管材及管件质优价廉，使用寿命长，内壁光滑，安装施工方便，同时也要考虑购买材料的方便程度，以减少运输费用。

1. 管道分类

　　适用于喷灌系统的管道种类很多，可按不同的方法进行分类，按材料可将喷灌管道分为金属和非金属管道两类。各种管道采用的制造材料不同，其物理力学性能和化学性能也不相同，如耐压性、

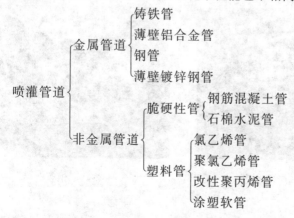

韧性、耐腐蚀性、抗老化性等，所以各自适用的范围也不相同。金属管道、钢筋混凝土管、聚氯乙烯管、聚乙烯管、改性聚丙烯管宜作为固定管道埋入地下，而薄壁铝合金管、薄壁镀锌钢管、涂塑软管则通常作为地面移动管道使用。

2. 固定管道及管件

主要有铸铁管、钢管、钢筋混凝土管、硬聚氯乙烯管、聚乙烯管、聚丙烯管等。

（1）铸铁管　铸铁管承压能力大，一般可承压 1 兆帕，工作可靠，使用寿命可长达 30～60 年，管件齐全，加工安装方便等。缺点是管壁厚，重量大，搬运不方便，价格高；管子长度较短，安装时接头多，增加施工量；长期使用内壁会产生锈瘤，使管道内径缩小，阻力加大，导致输水能力大大降低，一般使用 30 年后需要进行更换（图 2-45）。

（2）钢管　钢管一般用于裸露的管道或穿越公路的管道，能承受较高的工作压力（在 1 兆帕以上）；具有较强的韧性，不易断裂；管壁较薄，管段长而接头少，铺设安装简单方便。缺点是价格高；使用寿命较短，常年输水的钢管使用年限一般不超过 20 年；另外钢管易腐蚀，埋设在地下时，须在其表面涂有良好的防腐层（图 2-46）。

图 2-45　铸铁管

图 2-46　钢管

（3）钢筋混凝土管

钢筋混凝土管有自应力钢筋混凝土管和预应力钢筋混凝土管两种，都是在混凝土烧制过程中使钢筋受到一定拉力，从而使其在工作压力范围内不会产生裂缝，可以承受0.4～1.2兆帕的压力。优点是不易腐蚀，经久耐用，使用寿命比铸铁管长，一般可用

图2-47　钢筋混凝土管

40～60年以上；安装施工方便；内壁不结污垢，管道输水能力稳定；采用承插式柔性接头，密封性好，安全简便。缺点是自重大，运输不便，且运输时需要包扎、垫地、轻装，免受损伤；质脆，耐撞击性差；价格较高等（图2-47）。

（4）硬聚氯乙烯（PVC）管　硬聚氯乙烯管是目前喷灌工程使用最多的管道，它是以聚氯乙烯树脂为主要原料，加入符合标准的、必要的添加剂，经挤出成型的管材。硬聚氯乙烯管的承压能力因管壁厚度和管径不同而异，喷灌系统常用的PVC管承压能力为0.6兆帕、1.0兆帕、1.6兆帕。优点是耐腐蚀，使用寿命长，在地埋条件下，一般可用20年以上；重量小，搬运容易；内壁光滑、水力性能好，过水能力稳定；有一定的韧性，能适应较小的不均匀沉陷。缺点是材质受温度影响大，高温发生变形，低温变脆；易受光、热老化，工作压力不稳定；膨胀系数大等。

目前，我国还没有喷灌用硬聚氯乙烯管产品的国家标准，喷灌中所用硬聚氯乙烯管的规格尺寸、技术要求等是以《给水用硬聚氯乙烯（PVC-U）管材》（GB/T 10002.1—2006）标准来要求的。常用的规格有（公称外径，毫米）20、25、32、40、50、63、75、90、110、125、140、160、180、200，压力等级有（兆帕）0.6、

0.8、1.0、1.25、1.6。一些特殊工程用管径达到 500 毫米或 600 毫米以上（图 2-48）。

（5）聚乙烯（PE）管　聚乙烯管根据聚乙烯材料密度的不同，可分高密度聚乙烯（HDPE 或 UPE）管和低密度聚乙烯（LDPE 或 SPE）管。前者为低硬度管，后者为高硬度管。喷灌中所用高密度聚乙烯管材的公称压力和规格尺寸是参照《给水用聚乙烯（PE）管材》（GB/T 13663—2000）标准来要求的。目前 HDPE 管材以外径为公称直径，常用的规格有 32 毫米、40 毫米、50 毫米、63 毫米、75 毫米、90 毫米、110 毫米、125 毫米、160 毫米、200 毫米、250 毫米、315 毫米等，目前有些工程用管径达到 1000 毫米，管材公称压力有 0.4 兆帕、0.6 兆帕、0.8 兆帕、1.0 兆帕、1.25 兆帕、1.6 兆帕 6 个等级。低密度聚乙烯（LDPE、LLDPE）管材较柔软，抗冲击性强，适宜地形较复杂的地区。喷灌用低密度聚乙烯管材的规程及技术要求按《喷灌用低密度聚乙烯管材》（QB/T 3803—1999）标准控制。另外，聚乙烯管材在半固定式喷灌系统和微灌系统中应用较多，而在地埋式固定喷灌系统中则应用很少（图 2-49）。

图 2-48　硬聚氯乙烯管

图 2-49　聚乙烯管

（6）聚丙烯管　喷灌用聚丙烯管是以聚丙烯树脂为主要原料，经挤出成型而制成的性能良好的管材。由于聚乙烯管存在低温时性脆的缺点，故一般喷灌多使用改性聚丙烯管。聚丙烯管在常温条件下，使用压力分为Ⅰ、Ⅱ、Ⅲ型。Ⅰ型为 0.4 兆帕，Ⅱ型为 0.6 兆帕，Ⅲ型为 0.8 兆帕（图 2-50）。

图 2-50　聚丙烯管

3. 移动管道及管件

移动式、半固定式喷灌系统管道的移动部分由于需要经常移动，因而它们除了要满足喷灌用的基本要求外，还必须具有重量轻、移动方便、连接管件易于拆装、耐磨耐撞击、抗老化性能好等特点。常见喷灌用的移动管材有薄壁铝管、薄壁镀锌钢管和涂塑软管。

（1）薄壁铝管　薄壁铝管的优点是重量轻，搬运方便；强度高，能承受较大的工作压力，达 1.0 兆帕以上；韧性强，不易断裂；不锈蚀，耐酸性腐蚀；内壁光滑，水力性能好；寿命长，正常条件下使用寿命可达 15～20 年，被广泛用作喷灌系统的地面移动管道。但其硬度小，抗冲击力差，发生碰撞容易变形，且价格较高，耐磨性不及钢管，不耐强碱性腐蚀，寿命价格比略低于塑料管，但废铝管可以回收（图 2-51）。

（2）薄壁镀锌钢管　薄壁镀锌钢管是用 0.8～1.5 毫米带钢辊压成形，高频感应对焊成管，并切割成所需要的长度，在管端配上快速接头，然后经镀锌而成。优点是重量轻，搬运方便；强度高，可承受 1.0 兆帕的工作压力；韧性好，不易断裂；抗冲击力强，不怕一般的碰撞；寿命长，质量好的热浸镀锌薄壁钢管可使用 10～15 年。但其耐锈蚀能力不如铝管和塑料管，价格较高，重量也较铝管和塑料管大，移动不如铝管方便（图 2-52）。

图 2-51　薄壁铝管　　　　　　图 2-52　薄壁镀锌钢管

（3）涂塑软管　涂塑软管是用锦纶纱、维纶纱或其他强度较高的材料织成管坯，内外壁或内壁涂敷氯乙烯或其他塑料制成。用于喷灌的涂塑软管主要有锦纶塑料管和维塑软管两种。锦纶塑料管是用锦纶丝织成网状管坯后，并在内壁涂一层塑料而成；维塑软管是用维纶丝织成管坯，并在内、外壁涂注聚氯乙烯而成。涂塑软管具有质地强、耐酸碱、抗腐蚀、管身柔软、使用寿命较长、管壁较厚等特点，使用寿命可达 3～4 年。由于其重量轻、便于移动、价格低，因而常用于移动式喷灌系统中，但是它易老化，不耐磨，怕扎、怕压折（图 2-53）。

二、微灌的管道与管件

微灌用管道系统分为输配干管、田间支管、连接支管和灌水器的毛管，对于固定式微灌系统的干管与支管以及半固定式系统的干管，由于管内流量较大，常年不动，一般埋于地下，因而其材料的

图 2-53　涂塑软管

选用与喷灌系统相同，只是因微灌系统工作压力较喷灌系统低，所用管材的压力等级稍低，常用的固定管道可参考喷灌系统确定，在我国生产实践中应用最多的是硬塑料（PVC）管，在这里不再赘述。

1. 微灌用的管道

除了以上提到的地埋固定管道以外，微灌系统的地面用管较多，由于地面管道系统暴露在阳光下容易老化，缩短使用寿命，因而微灌系统的地面各级管道常用抗老化性能较好、有一定柔韧性的高密度聚乙烯（HDPE）管，尤其是微灌用毛管，基本上都用聚乙烯管，其规格有 12 毫米、16 毫米、20 毫米、25 毫米、32 毫米、40 毫米、50 毫米、63 毫米等，其中 12 毫米、16 毫米主要作为滴灌管用。连接方式有内插式、螺纹连接式和螺纹锁紧式 3 种，内插式用于连接内径标准的管道，螺纹锁紧式用于连接外径标准的管道，螺纹连接式用于 PE 管道与其他材质管道的连接（图 2-54）。

图 2-54　微灌用聚乙烯管材

2. 微灌用的管件

微灌用的管件主要有直通、三通、旁通、管堵、胶垫。直通用于两条管的连接，有 12 毫米、16 毫米、20 毫米、25 毫米等规格（图 2-55），按结构分类，分别有承插直通（用于壁厚的滴灌管）、拉扣直通和按扣直通（用于壁薄的滴灌管）、承插拉扣直通（一端是倒刺另一端为拉扣，用于薄壁管与厚壁管的连接）。三通用于 3 条滴灌管的连接，规格和结构同直通。旁通是用于输水管（PE 或 PVC）与滴灌管的连接，有 12 毫米、16 毫米、20 毫米等规格，有承插和拉扣两种结构。管堵是封闭滴灌管尾端的配件，有"8"字形（用于厚壁管）和拉扣形（用于薄壁管）。胶垫通常与旁通一起使用，压入 PVC 管材的孔内，然后安装旁通，这样可以防止接口漏水。

图 2-55　微灌用聚乙烯管件

第四节
水肥一体化技术的灌水器

灌水器的作用是将灌溉施肥系统中的压力水（肥液）等，通过不同结构的流道和孔口，消减压力，使水流变成水滴、雾状、细流或喷洒状，直接作用于作物根部或叶面。

一、喷灌喷头

喷头是喷灌系统的关键组成部分，它将有压的集中水流喷射到空中，散成细小的水滴并均匀地散布在它所控制的灌溉田面上。水流经喷嘴喷出后，在空中形成一道弯曲的水舌——射流，在空气阻力、表面张力及水的自身重力作用下产生分散，最后雾化成水滴，降落在田面上。喷头的结构形式、制造质量的好坏以及对它的使用是否得当，将直接影响喷灌的质量、经济性和工作可靠性。

1. 喷头的分类

喷头是喷灌系统的专用设备，在喷灌系统中应用的喷头种类繁多，分类方式依分类依据也有多种，如按喷头工作压力（或射程）、结构形式、材质、是否可控角度等对其分类，常见的有以下两种分类方法。

（1）按工作压力或射程大小分类　大体上可以将喷头分为微压喷头、低压喷头（近射程喷头）、中压喷头（中射程喷头）和高压喷头（远射程喷头）4 类（表 2-8）。

表 2-8　喷头按工作压力和射程分类表

类型	工作压力 /千帕	射程 /米	流量 /（立方米/小时）	特点及应用范围
微压喷头	50～100	1～2	0.008～0.3	耗能低、雾化好，适用于微型喷灌系统，可用于花卉、园林、果园、温室作物的灌溉
低压喷头 （近射程喷头）	100～200	2～15.5	0.3～2.5	射程近、水滴打击强度低，主要用于苗圃、菜地、温室、草坪园林、自压喷灌的低压区及行喷式喷灌机

续表

类型	工作压力/千帕	射程/米	流量/(立方米/小时)	特点及应用范围
中压喷头 （中射程喷头）	200～500	15.5～42	2.5～32	均匀度好，喷灌强度适中，水滴合适，适用范围广，果园、草地、菜地、大田及各类经济作物均可使用
高压喷头 （远射程喷头）	＞500	＞42	＞32	喷洒范围大，生产率高，耗能高，水滴打击强度也大，多用于对喷洒质量要求不高的大田作物和牧草等

（2）按结构形式和喷洒特征分类　可以分为固定式（散水式、漫射式）喷头、旋转式（射流式）喷头、孔管式喷头3类（表2-9）。

表2-9　喷头按结构形式喷洒特征分类

类型	喷头形式	特点
固定式喷头	折射式、缝隙式、离心式	优点是结构简单，工作可靠，喷洒水滴对作物的打击强度小，要求的工作压力较高，雾化程度较高。缺点是射程小（5～10米），喷灌强度大（15～20毫米以上），水量分布不均，喷孔易被堵塞
旋转式喷头 （射流式喷头）	摇臂式、叶轮式、反作用式	优点是射程远，流量范围大，喷灌强度较低，均匀度较高。缺点是当竖管不垂直时，喷头转速不均匀，影响喷灌的均匀性
孔管式喷头	单列孔管、多列孔管	优点是结构简单，工作压力低，操作方便。缺点是喷灌强度较高，受风影响大，对地形适应性差，管孔容易被堵塞，支管内实际压力受地形起伏的影响较大，投资也较大

① 固定式喷头。也称为漫射式或散水式喷头（图 2-56～图 2-58），该喷头在喷灌过程中所有部件相对于竖管是固定不动的，而水流是在全圆周（扇形）同时向四周散开，包括折射式喷头、缝隙式喷头、离心式喷头。常用于公园、草地、苗圃、温室等处；另外还适用于悬臂式、时针式和平移式等行喷式喷灌机上，以节约能源。

图 2-56　折射式喷头　　　图 2-57　缝隙式喷头　　　图 2-58　离心式喷头

② 旋转式喷头。又称为射流式喷头，是绕其铅垂线旋转的一类喷头，是目前使用最普遍的一种喷头形式（图 2-59、图 2-60）。一般由喷嘴、喷管、粉碎机构、转动机构、扇形机构、空心轴、轴套等部件组成。旋转式喷头是中射程和远射程喷头的基本形式，常用的形式有摇臂式喷头、叶轮式喷头和反作用式喷头。又根据是否装有扇形喷洒控制机构而分成全圆转动的喷头和可以进行扇形喷洒的喷头两类，但大多数有扇形喷洒控制机构的喷头同样可进行全圆喷洒。

图 2-59　摇臂式喷头　　　　　　图 2-60　叶轮式喷头

2. 喷头的基本参数

主要包括喷头的结构参数、工作参数和水力参数。下面以旋转式喷头为例说明喷头各参数代表的意义和在设计中的作用。

(1) 喷头的结构参数 喷头的结构参数也称为几何参数，表明了喷头的基本几何尺寸，也在很大程度上影响着其他参数，主要有进水口直径 D（毫米）、喷嘴直径 d（毫米）及喷射仰角 α（°）。

① 进水口直径 D。进水口直径指喷头与竖管连接处的内径 D（毫米），它决定了喷头的过水能力。喷头在加工制造时，为了使喷头水头损失小而又不致喷头体积过大，一般设计流速控制在 3~4 米/秒的范围内，其与竖管的连接方法一般采用管螺纹连接。国际规定旋转式喷头进水口公称直径有 10 毫米、15 毫米、20 毫米、30 毫米、40 毫米、50 毫米、60 毫米、80 毫米 8 种类型。

② 喷嘴直径 d。喷嘴直径是指喷嘴流道等截面段的直径 d（毫米），喷嘴直径反映喷头在一定工作压力下的过水能力。同一型号的喷头，允许配用不同直径的喷嘴，但除特殊场合外，一般在使用过程中很少在不同喷嘴直径间进行更换。在工作压力相同的情况下，喷嘴直径决定了喷头的射程和雾化程度，喷嘴直径越小，雾化程度越高。但射程与喷嘴直径关系比较复杂，在一定的工作压力条件下，存在一个与最大射程相对应的喷嘴直径 d_0，小于这个直径 d_0，喷嘴直径愈大，射程也愈远；大于这一直径 d_0，则喷嘴直径愈大，射程愈近。

③ 喷射仰角 α。喷射仰角是指喷嘴出口射流轴线与水平面的夹角 α（°）。在相同工作压力和流量条件下，喷射仰角是影响射程和喷洒水量分布的主要参数。适宜的喷射仰角能获得最大的射程，从而可以降低喷灌强度和扩大喷头的控制范围，降低喷灌系统的建设投资。目前我国通常用的 PY_1 系列喷头的喷射仰角多为 30°，适用于一般的喷灌工程。为了提高抗风能力或用于树下喷灌，可减小仰角，仰角小于 20°的喷头称为低仰角喷头。我国 PY_2 系列喷头有 7°、15°、22.5°、30°等多种仰角供选用。

(2) 喷头的工作参数 主要有喷头压力、喷头流量和射程等。

① 喷头压力。喷头压力包括工作压力和喷嘴压力。工作压力是指喷头工作时，喷头进水口前的压力，是使喷头能正常工作的水流压力，通常用 P（压强）或 H（压力水头）表示，其单位为千帕或米。有时为了评价喷头性能的好坏而使用喷嘴压力，是指喷嘴出口的水流总压力，由于水流通过喷头内部时会产生水头损失，因而喷嘴压力要小于工作压力，而喷头流道内水头损失的大小主要取决于喷头内部结构，与设计和制造水平有关，此水头损失越小，则喷头性能越好。

对于一个喷头，其工作压力又可分为起始工作压力、设计工作压力和最高工作压力。起始工作压力是指能使喷头正常运转的最低水压力值，如果喷头进口处水压力低于此值，则喷头无法正常工作，会出现喷头不旋转、水滴雾化程度不够、射程小等异常情况。同样，如果喷头进口处的水压力高于最高工作压力，喷头也不能正常工作，会再现喷头旋转速度加快、雾化程度过高、水量分布不均等异常情况。由此可见，在设计喷灌系统时，一定要使整个系统所有竖管末端的实际水压力都在最高工作压力和起始工作压力之间，而且最好能使绝大多数喷头在设计工作压力或接近设计工作压力的条件下工作。在水力性能相同的前提下，喷头的工作压力越低越好，这样有利于节约能源，因而采用低压喷头是今后喷灌技术的发展方向之一，但在生产实践中需要在节省能源和增加其他费用之间权衡利弊。

② 喷头流量 q。喷头流量是指一个喷头在单位时间内喷洒出来的水的体积，单位为立方米/小时、升/小时。喷头流量是决定喷灌强度的重要因素之一，也是选择喷头的重要依据。喷头流量的大小主要决定于工作压力和喷嘴直径，工作压力越大，喷嘴直径越大，喷头流量就越大；反之，喷头流量就越小。

③ 射程 R。国家标准《旋转式喷头试验方法》中规定：喷头的射程指在无风条件下正常工作时，雨量筒中每小时收集的水深为 0.3 毫米/小时（喷头流量低于 250 升/小时时为 0.15 毫米/小时）的那一点到喷头中心的水平距离。

喷头的结构参数确定后，其射程主要受工作压力的影响。在一定的工作压力范围内，压力增大，则射程也相应增大；超出这一压力范围时，压力增加只会提高雾化程度，而射程不会再增加。在喷头流量相同的条件下，射程越大，则单个喷头的喷洒强度就越小，提高了喷灌对黏重土壤的适用性，同时喷头的布置间距可以增大，这样可以降低设备投资，所以射程是喷头的一个重要工作参数，也是选择喷头型号的主要指标。

（3）喷头的水力参数　主要有喷灌强度、水量分布、水滴打击强度等。

① 喷灌强度 ρ。喷灌强度是指喷头在单位时间内喷洒到单位面积上水的体积，或单位时间内喷洒在灌溉土地上的水深，单位一般用毫米/小时或毫米/分钟表示。由于喷洒时水量分布常常是不均匀的，因此喷灌强度有点喷灌强度 ρ_i 和平均喷灌强度（面积和时间都平均）$\bar{\rho}$ 以及计算喷灌强度 ρ_s 三个概念。一般采用计算喷灌强度评价喷头的水力性能。

计算喷灌强度是在不考虑水滴在空气中的蒸发和飘移损失的情况下，根据喷头喷出的水量与喷洒在地面的水量相等的原理用下式进行计算的。

$$\rho_s = \frac{1000q}{S}$$

式中，ρ_s 为计算喷灌强度，毫米/小时；q 为喷头流量，立方米/小时；S 为单喷头实际喷洒面积，平方米。

喷头性能参数表给出的喷灌强度，一般是指计算喷灌强度。喷头喷灌强度是喷灌工程设计中确定喷灌强度的基础，当喷头组合方式及组合间距一定时，喷头喷灌强度越大，则组合喷灌强度也越大，但喷灌设计时，组合喷灌强度不能大于土壤的允许喷灌强度。

② 水量分布。喷头喷洒的水量在地面的分布特征体现了喷头喷水质量的好坏，是影响喷灌均匀度的主要因素，通常是用水量分布图来表示。在理想的情况下，旋转式喷头在无风的条件下其水量

分布等值线图应是一组以喷头为圆心的同心圆，但实际的水量分布等值线图只是一组近似的同心圆，即在离喷头距离相等的位置，其水量是近似相等的，见图 2-61。但水量沿径向的分布是不均匀的，如图 2-62 中右方和下方的喷头径向水量分布曲线图所示。

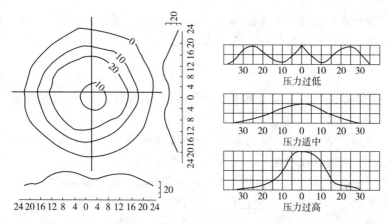

图 2-61　喷头水量分布（米）　　图 2-62　工作压力对喷头水量分布的影响

　　影响喷头水量分布的因素很多，工作压力、风、喷头的类型和结构等都会对喷头水量分布产生较大的影响，因而在进行喷灌系统设计时要充分考虑这些因素。工作压力对水量分布的影响主要是工作压力越高，喷头对水的雾化程度越高，因而射程不远，喷头附近水量过多，远处水量不足；压力过低，水流分散雾化不足，大部分水量射到远处，中间水量少，呈"马鞍形"分布；压力适中时，水量分布曲线基本上为一个近似的等腰三角形（图 2-62）。风对喷头水量分布的影响主要体现在喷头在逆风带射程减小，在顺风带射程增大，整个湿润面积也减小，且这种影响随风力的增大而加强，因此在进行喷灌系统规划设计时，一定要充分考虑风的影响，当风力超过 4 级时，喷灌质量会受到严重影响，应停止喷灌作业。

　　③ 水滴打击强度。水滴打击强度是指在喷头喷洒范围内，喷洒水滴对作物或土壤的打击动能。一般来说，水滴的直径和密度越

大，则越容易破坏土壤表层结构，造成板结，而且还会打伤作物叶片或幼苗，因此，水滴直径是喷灌设计中应充分考虑的因素，但是水滴直径在实践中实测仍然有一定难度，而且它与工作压力和喷嘴直径甚至风都有关系，所以在设计中常用喷头雾化指标 ρ_d 来表示喷洒水滴的打击强度。

雾化指标是用喷头工作压力和主喷嘴直径的比值来评价一个喷头对水流粉碎程度的指标，按下式计算。

$$\rho_d = \frac{1000H}{d}$$

式中，ρ_d 为喷头雾化指标；H 为喷头工作压力，米；d 为喷嘴直径，毫米。

对同一喷头来说，ρ_d 值越大，说明其雾化程度越高，水滴直径就越小，打击强度也越小。但如果 ρ_d 值过大，蒸发损失增大，受风的影响也增强，而且压力水头损失急剧增加，能源消耗加大，对节水节能不利。喷头 ρ_d 值应以不打伤作物叶片或幼苗和不破坏土壤结构为宜。

3. 常用喷头

这里主要介绍常用的摇臂式喷头和全射流喷头。

（1）摇臂式喷头　摇臂式喷头由以下几部分构成。一是旋转密封机构，它是保证喷头在运行过程中旋转部位不产生漏水的机构，常用的有径向密封和端面密封两种形式，由减磨密封圈、胶垫（胶圈）、防沙弹簧等部件组成。二是流道，是水流通过喷头时的通道，由空心轴、喷体、喷管、稳流器和喷嘴等零件组成。三是驱动机构，是驱使喷头在喷洒过程中进行转动的机构，也是区别于其他喷头的主要部件，包括摇臂、摇臂轴、摇臂弹簧、弹簧座等零件。四是扇形换向机构，是限制喷头喷洒范围、使喷头在规定的角度范围内进行喷洒的机构，主要由换向器、反转钩和限位环（销）组成。五是连接件，是喷头与田间供水管道相连接的部件，多为喷头的空心轴套用螺纹与竖管连接。

摇臂式喷头的工作原理：利用喷嘴喷射出来的水柱，冲开摇臂头部的挡水板和导水板，使摇臂扭转弹簧扭紧。在扭转弹簧的扭力作用下，使摇臂前端的挡水板以一定的初速度切入射流，由于挡水板有一个较大的偏流角度，使摇臂返回的速度加快，从而撞击喷体，喷体则克服旋转部分的摩擦阻力而转动一个角度，与此同时，摇臂前端的导水板又切入水柱，在射流冲击力的作用下，摇臂又开始第二个工作循环，以此类推，喷头则做全圆喷灌作业。摇臂式喷头的工作原理实质上是摇臂工作时不同能量的相互转化与传递过程。

有些喷头带有粉碎结构，通过调整突销切入水流的深度可以改变其雾化程度及射程大小，但是突销的制造质量，特别是其前端的几何形状对破碎后的水量分布影响很大，如制造精度不够，反而会使水量分布不均匀，严重时水舌呈股状射出，局部水滴打击强度增加，伤害作物。

（2）全射流喷头　全射流喷头是利用水流附壁效应改变射流方向从而通过水流反作用力获得驱动力矩的旋转式喷头。全射流喷头工作时，水射流元件不仅要完成射流的均匀喷洒任务，而且还要与换向器一起完成改变水射流的偏转方向，驱动喷头自动正、反向均匀旋转。

与摇臂式喷头相比，全射流喷头的优点是运动部件小，无撞击部件，结构较简单，用一个简单的水射流元件取代了摇臂式驱动的一套复杂机构，喷洒性能及雾化性能好。缺点是不能更换喷嘴，一旦磨损后需更换整个射流元件，在含沙水质下运行时运转出现卡塞现象，射流元件加工难度大，控制孔不易加工，易堵塞，运行的可靠性、稳定性有待进一步提高。

全射流喷头由密封机构、喷体、喷管、水射流元件和换向机构等主要部件组成。

全射流喷头根据旋转方式可以分为连续式和步进式两类。连续式推动喷头旋转的反作用力是连续的，互作用腔内壁为曲线；而步进式是间歇施加驱动力矩，使喷头间歇性地转动，近似于匀速转动，互作用腔内壁为直线。无论是连续式还是步进式喷头，都是采用附壁式射流元件产生反作用力驱动喷头旋转。

二、微灌灌水器

微灌系统的灌水器根据结构和出流形式不同主要有滴头、滴灌管、滴灌带、微喷头、涌水器、渗灌管 6 类。其作用是把管道内的压力水流均匀而又稳定地灌到作物根区附近的土壤中。

1. 滴头

滴头要求工作压力为 50～120 千帕，流量为 0.6～12 升/小时，滴头应满足以下要求。一是精度高，其制造偏差系数 C_v 值应控制在 0.07 以下。二是出水量小而稳定，受水压变化的影响较小。三是抗堵塞性能强。四是结构简单，便于制造、安装、清洗。五是抗老化性能好，耐用，价格低廉。

滴头的分类方法很多，按滴头的消能方式分类，则可分为长流道型滴头、孔口型滴头、涡流型滴头、压力补偿型滴头。

（1）长流道型滴头　长流道型滴头是靠水流在流道壁内的沿程阻力来消除能量、调节出水量的大小，如微管滴头、内螺纹管式滴头等。其中，内螺纹管式滴头利用两端倒刺结构连接在两段毛管中间，本身成为毛管一部分，水流绝大部分通过滴头体腔流向下一段毛管，而很少一部分则通过滴头体内螺纹流道流出（图2-63）。

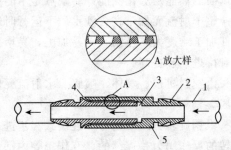

图 2-63　内螺纹管式滴头

1—毛管；2—滴头；3—滴头出水口；4—螺纹流道槽；5—流道

（2）孔口型滴头　孔口型滴头是通过特殊的孔口结构以产生局部水头损失来消能和调节滴头流量的大小。其原理是毛管中有压水流经过孔口收缩、突然变大及孔顶折射3次消能后，连续的压力水流变成水滴或细流（图2-64）。

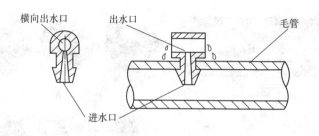

图 2-64　孔口型滴头

（3）涡流型滴头　涡流型滴头的工作原理是当水流进入灌水器的涡流室内时形成涡流，通过涡流达到消能和调节出水量的目的。水流进入涡室内，由于水流旋转产生的离心力迫使水流趋向涡流室的边缘，在涡流中心产生一低压区，使位于中心位置的出水口处压力较低，从而调节出流量（图2-65）。

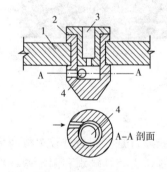

图 2-65　涡流型滴头
1—毛管；2—滴头体；3—出水口；4—涡流室

（4）压力补偿型滴头　压力补偿型滴头是利用有压水流对滴头内的弹性体产生压力变形，通过弹性体的变形改变过水断面的面积，从而达到调节滴头流量的目的（图2-66）。即当压力增大时，弹性体在压力作用下会对出流口产生部分阻挡作用，减小过水断面积；而当压力减小时，弹性体会逐渐恢复原状，减小对出流口的阻挡，增大过水断面积，从而使滴头出流量自动保持稳定。一般压力补偿型滴头只有在压力较高时保证出流量不会增加，但当压力低于工作压力时则不会增加滴头流量，因而在滴灌设计时要保证最不利灌溉点的压力满足要求，压力最高处也不能超过滴头的压力补偿范围，否则必须在管道中安装压力调节装置。

(a) 剖面图

(b) 开滴富滴头外形

(c) 安装在毛管上的开滴富

(d) 超滴富滴头外观

图 2-66　压力补偿型滴头

2. 滴灌管

滴灌管是在制造过程中将滴头与毛管一次成型为一个整体的灌水装置，它兼具输水和滴水两种功能。在毛管制造过程中，将预先制造好的滴头镶嵌在毛管内的滴灌管称为内镶式滴灌管。内镶滴管有片式滴灌管和管式滴灌管两种。

（1）片式滴灌管　片式滴灌管是指毛管内部装配的滴头仅为具有一定结构的小片，与毛管内壁紧密结合，每隔一定距离（滴头间距）装配一个，并在毛管上与滴头水流出口对应处开一小孔，使已经过消能的细小水流由此流出进行灌溉（图2-67、图2-68）。

（2）管式滴灌管　管式滴灌管是指内部镶嵌的滴头为一柱状结构，根据结构形式又分为紊流迷宫式滴灌管、压力补偿型滴灌管、内镶薄壁式滴灌管和短道迷宫式滴灌管。

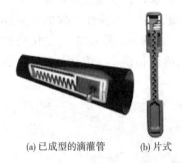

(a) 已成型的滴灌管 (b) 片式

图 2-67 内镶贴片式滴灌管

图 2-68 内镶贴片式滴灌管成品

① 紊流迷宫式滴灌管。以欧洲滴灌公司 1979 年设计生产的冀-2 型（GR）最具代表性，该滴头呈圆柱形，用低密度聚乙烯（LDPE）材料注射成型，外壁有迷宫流道，当水流通过时产生紊流，最后水流从对称布置在流道末端的水室上的两个孔流出（图 2-69）。

图 2-69 紊流迷宫式滴灌管

② 压力补偿型滴灌管。是为适应大田作物中地块直线距离较长且地势起伏大的需要而设计的，它的滴头具有压力自动补偿功

能，能在 8～45 米水头工作压力范围内保持比较恒定的流量，有效长度可达 400～500 米。它是在固定流道中，用弹性柔软的材料作为压差调节元件，构成一段横断面可调流道，使滴头流量保持稳定，采用的形式有长流道补偿式、鸭嘴形补偿式、弹片补偿式和自动清洗补偿式等（图 2-70）。

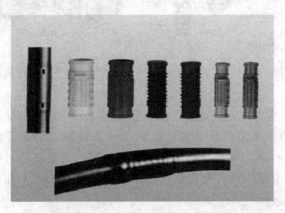

图 2-70　圆柱形压力补偿型滴灌管

3. 薄壁滴灌带

目前国内使用的薄壁滴灌带有两种：一种是在 0.2～1.0 毫米厚的薄壁软管上按一定间距打孔，灌溉水由孔口喷出湿润土壤；另一种是在薄壁管的一侧热合出各种形状的流道，灌溉水通过流道以水滴的形式湿润土壤，称为单翼迷宫式滴灌管（图 2-71）。

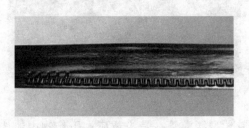

图 2-71　单翼迷宫式滴灌管

滴灌管和滴灌带均有压力补偿式与非压力补偿式两种。

4. 微喷头

微喷头是将压力水流以细小水滴喷洒在土壤表面的灌水器。微喷头的工作压力一般为 50～350 千帕，其流量一般不超过 250 升/小时，射程一般小于 7 米。

较好的微喷头应满足以下基本要求。一是制造精度高。由于微喷头流道尺寸较小，且对流量和喷洒特性的影响较大，因而微喷头的制造偏差 C_v 应不大于 0.11。二是微喷头原材料要具有较高的热稳定性和光稳定性。微喷头所使用的材料应具有良好的自润滑性和较好的抗老化性。三是微喷头及配件在规格上要有系列性和较高的可选择性。由于微喷灌是一种局部灌溉，其喷洒的水量分布、喷洒特性、喷灌强度等均由单个喷头决定，一般不进行微喷头间的组合，因而对不同的作物、土壤和地块形状要求用不同喷洒特性的微喷头进行灌水，在同一作物（尤其是果树）的不同生长阶段，对灌水量及喷洒范围等都有不同的要求，因而微喷头要求产品在流量、灌水强度及喷洒半径等方面有较好的系列性，以适应不同作物和不同场合。

微喷头按其结构和工作原理可以分为自由射流式、离心式、折射式和缝隙式 4 类。其中折射式、缝隙式、离心式微喷头没有旋转部件，属于固定式喷头；射流式喷头具有旋转或运动部件，属于旋转式微喷头。

（1）折射式微喷头　折射式微喷头主要由喷嘴、折射破碎机构和支架 3 部分构成，如图 2-72 所示。其工作原理是水流由喷嘴垂直向上喷出，在折射破碎机构的作用下，水流受阻改变方向，被分散成薄水层向四周射出，在空气阻力作用下形成细小水滴喷洒到土壤表面，喷洒图形有全圆、扇形、条带状、放射状水束或呈雾化状态等。折射式微喷头又称为雾化微喷头，其工作压力一般为 100～350 千帕，射程为 1.0～7.0 米，流量为 30～250 升/小时。折射式微喷头的优点是结构简单，没有运动部件，工作可靠，价格便宜；

缺点是由于水滴太小，在空气十分干燥、温度高、风力较大且多风的地区，蒸发漂移损失较大。

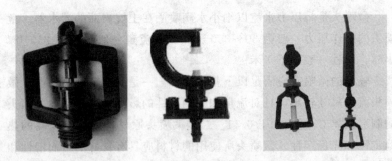

图 2-72　折射式微喷头

（2）离心式微喷头　离心式微喷头主要由喷嘴、离心室和进水口接头构成（图 2-73、图 2-74）。其工作原理是压力水流沿切线方向进入离心室，绕垂直轴旋转，通过离心室中心的喷嘴射出，在离心力的作用下呈水膜状，在空气阻力的作用下水膜被粉碎成水滴散落在微喷头四周，离心式喷头具有结构简单、体积小、工作压力低、雾化程度高、流量小等特点。喷洒形式一般为全圆喷洒，由于离心室流道尺寸可设计得比较大，减少了堵塞的可能性，从而对过滤的要求较低。

图 2-73　可调式离心式微喷头

图 2-74　离心式微喷头结构

（3）缝隙式微喷头　缝隙式微喷头一般由两部分组成，下部是底座，上部是带有缝隙的盖，如图 2-75 所示。其工作原理是水流从缝隙中喷出的水舌在空气阻力作用下裂散成水滴。缝隙式微喷头从结构来说实际上也是折射式微喷头，只是折射破碎机构与喷嘴距离非常近，形成一个缝隙。

（4）射流式微喷头 射流式微喷头主要由折射臂支架、喷嘴和连接部件构成，如图 2-76 所示。其工作原理是压力水流从喷嘴喷出后集中成一束，向上喷射到一个可以旋转的单向折射臂上，折射臂上的流道开关不仅改变了水流的方向，使水流按一定喷射仰角喷出，而且还使喷射出的水舌对折射臂产生反作用力，对旋转轴形成一个力矩，使折射臂做快速旋转，进行旋转喷洒，故此类微喷头一般均为全圆喷洒。射流式微喷头的工作压力一般为 100～200 千帕，喷洒半径较大，为 1.5～7.0 米，流量为 45～250 升/小时，灌水强度较低，水滴细小，适合于果园、茶园、苗圃、蔬菜、城市园林绿地等灌溉。但由于有运动部件，加工精度要求较高，并且旋转部件容易磨损，大田应用时由于受太阳光照射容易老化，致使旋转部分运转受影响。因此，此类微喷头的主要缺点是使用寿命较短。

图 2-75 缝隙式微喷头

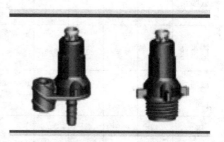

图 2-76 射流式微喷头

5. 灌水器的结构参数和水力性能参数

结构参数和水力性能参数是微灌灌水器的两个主要技术参数。结构参数主要指灌水器的几何尺寸，如流道或孔口的尺寸、流道长度及滴灌带的直径和壁厚等。水力性能参数主要指灌水器的流量、工作压力、流态指数、制造偏差系数，对于微喷头来说还包括射程、喷灌强度、水量分布等。表 2-10 列出了各类微灌水器的结构与水力性能参数。

表 2-10　微灌水器的结构与水力性能参数

灌水器种类	结构参数					水力性能参数				
	流道或孔口直径/毫米	流道长度/厘米	滴头或孔口间距/厘米	带管直径/毫米	带管壁厚/毫米	工作压力/千帕	流量/(升/小时)或[升/(小时·米)]	流态指数 X	制造偏差 C_v[③]	射程/米
滴头	0.5~1.2	30~50				50~100	1.5~12	0.5~1.0	<0.07	
滴灌带	0.5~0.90	30~50	30~100	10~16	0.2~1.0	50~100	1.5~30	0.5~1.0	<0.07	
微喷头	0.6~2.0					70~200	20~250	0.5	<0.07	0.5~4.0
涌水器	2.0~4.0					40~100	80~250	0.5~0.7	<0.07	
渗灌管(带)[①]				10~20	0.9~1.3	40~100	2~5	0.5	<0.07	
压力补偿型[②]								0~0.5	<0.15	

① 渗灌管（带）出流量以升/（小时·米）计，其余流量以升/小时计。

② 各种灌水器都有压力补偿型，其参数均适用，通常 $X<0.3$ 为全补偿，其余为部分补偿。

③ C_v 值是我国行业标准 SL/T 67.1—1994 的规定。

第三章 水肥一体化技术的规划设计

要做好、用好水肥一体化技术，使作物增产增收，前期的规划设计非常重要。正确合理的设计方案和合理的设计规划，能使项目建成以后，在实际使用和后续维护中达到最优组合，能在同等使用效果的前提下节约首次投资和维护的成本，方便实用。

第一节 水肥一体化技术的信息采集与设计

为了使规划设计达到预期效果，设计决策要慎重，目前一般请有专业节水灌溉技术和丰富实践经验的单位设计，最好到已建成的项目安全实地考察了解为妥。

一、项目实施单位信息采集

设计单位需要对项目实施单位进行一些必要的沟通了解，信息采集是设计的前提条件。

1. 用户基本参数

首先，要了解实施单位计划栽培的作物品种以及种植面积，因为不同的作物种类对水肥的需求不一样，在设计中需要做适当调整。其次，要了解实施单位的种植形式，目前种植形式有多种：一种是以公司股份制形式规模经营的；一种是独资规模经营的；一种是以多家种植户的合作社形式，统一平台，多家生产组合的；还有的是自己较小面积生产。这些信息关系到管网布局和灌溉方案的确定，不同的经营模式，其生产管理方式有所不同，水肥一体化设计要根据栽培管理模式并结合设计原则来确定，这样才能做到水肥一体化设施投资经济实惠、使用便捷又高效。

2. 实施单位投资意向

在水肥一体化的项目实施过程中，投资者文化技术水平有差异，不同用户有不同的科技意识和不同的投资意向，但是一般需求目标都比较明确，在沟通过程中，设计者要为投资人详细介绍设计理念，并给出适当建议。

(1) 科技项目示范型　近几年国家对农业扶持的力度很大，有很多的水肥项目都配套到农业建设项目中，从而进一步提高农业科技项目的经济效益。地方政府职能部门的科技项目有较充足的项目资金，要求项目建成后有科技示范推广作用，更要体现其技术的先进性和领先性。既要考虑应用推广效果，又要考虑"门面"效应。在这种设计过程中，就要讲究设备布局的美观、细节的把握、设计的科学性，要严格按照国家或行业的标准进行设计规划，做到合理规范。

(2) 增产型　很多农户，有了多年的种植技术和市场经济后，开始寻求更大的发展，谋求扩大种植面积，创立自己的品牌，实现升级。规模较大的农场必须需要较大的投资，利用水肥一体化设施可以有效地降低工程造价，提高经济效益。这种以农场为经营模式的设计，就要体现大农业的效率，做到统一管理，方便操作，设备使用寿命长，后续维护费用低，设备使用技术简单实用，受配药和肥料浓度等技术性因素影响小，使用者容易接受，而且要求能安全生产。

(3) 省工型　有些种植户栽培面积不大，10～20亩不等，一般投资者自己为主要劳动力，偶尔请临时工帮忙。由于这几年临时工工资上涨，用工成本增加，安装水肥一体化设施的主要目的是为了减少劳动力。这种设计要简单化，尽可能降低成本，设备操作简单，性能稳定，划分轮灌区的原则是尽量在1～2天之内完成施肥就可以。

二、田间数据采集

1. 电源条件及动力资料

田间现场电源是决定水肥一体化技术首部设备选型的必备条件。首先要向用户了解并查看项目实施现场或附近有无可用电源，再确定是220伏还是380伏，电压是否正常，离水泵的距离等。如果没有电源可用，就要考虑汽油泵之类的功率；如果没有380伏电源，就要考虑220伏水泵参数值范围。

动力资料包括现有的动力、电力及水利机械设备情况（如电动机、柴油机、变压器）、电网供电情况、动力设备价格、电费和柴油价格等。要了解当地目前拥有的动力及机械设备（拖拉机、柴油机、电动机、汽油器、变压器等）的数量、规格和使用情况，了解输变电线路和变压器数量、容量及现有动力装机容量等。

2. 气候、水源条件

当地气候情况如降水量等因素决定水源的供水量，因此，在规划之前就应详细了解当地的气候状况，包括年降水量及分配情况、多年平均蒸发量、月蒸发量、平均气温、最高气温、最低气温、湿度、风速、风向、无霜期、日照时间、平均积温、冻土层深度等。

河流、水库、机井等均可作为滴灌水源，但滴灌对水质要求很高。选择滴灌水源时，首先应分析水源种类（井、河、库、渠）、可供水量及年内分配、水资源的可开发程度，并对水质进行分析，以了解水源的泥沙、污物、水生物、含盐量、悬浮物情况和pH值大小，以便针对水源的水质情况采取相应的过滤措施，防止滴灌系统堵塞，水中杂质的种类不同，其过滤设备及级数不同。

另外，要了解可用水源与田间现场间的距离，考虑是否需要分级供应，而且取水点距离影响干管的口径设计。

3. 土壤、地形资料

在规划之前要搜集实施地点的地质资料，包括土壤类别及容重、土层厚度、土壤 pH 值、田间持水量、饱和含水量、永久凋萎系数、渗透系数、土壤结构及肥力（有机质含量、养分含量）等情况和氮磷钾含量、地下水埋深和矿化度。对于盐碱地还包括土壤盐分组成、含盐量、盐渍化及次生盐碱化情况。

实施地点的地形特点也很重要，要掌握实施地区的经纬度、海拔高度、自然地理特征等基本资料，绘制总体灌区图、地形图，图上应标明灌区内水源、电源、动力、道路等主要工程的地理位置。

4. 田间测量

田间测量是一个重要的环节，测量数据尽量准确详细，为下一步设计提供重要依据。要标清项目实施地的边界线，线内的道路沟渠布局，田间水沟宽和路宽都要测量。如果有大棚设施，给每个大棚编号，标明朝向、大棚间隔等。

此外，也要收集灌区种植作物的种类、品种、栽培模式、种植比例、株行距、种植方向、日最大耗水量、生长期、耕作层深度、轮作倒茬计划、种植面积、种植分布图、原有的高产农业技术措施、产量及灌溉制度等。

三、绘制田间布局图

依照田间测量的参数，综合用户意愿，选择合适的水肥一体化设施类型，绘制田间布局图和管网布局图（图 3-1）。根据灌水器流量和每路管网的长度，计算建立水力损失表，分配干管、主管、支管的管径，结合水泵的功率等参数确定并分好轮灌区，并在图上对管道和节点等编号，对应编号数值列表备查。最后配置灌溉首部设备和施肥设备。

四、造价预算

综合上述结果，列出各部件清单，根据市场价格给出造价预算单。把预算结果提供给用户，通过双方实际情况再进行优化修改，定稿。一般来说，单次面积越大，每亩工程造价就越高；面积越小，每亩造价越低。主要原因是管网的长度和管径影响了造价。

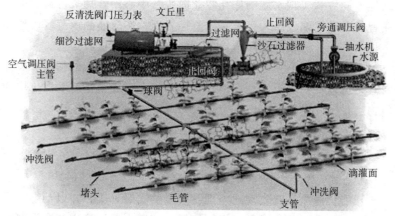

图 3-1　田间布局示意图

第二节
水肥一体化智能灌溉系统设计

21世纪，水资源变成一种宝贵的稀缺资源，水资源问题已不仅仅是资源问题，更是关系到国家经济、社会可持续发展和长治久安的重大战略问题。采用高效的智能化节水灌溉技术，不但能够有效缓解用水压力，同时也是发展精细农业和实现现代化农业的要求。基于物联网技术的智能化灌溉系统可实现灌溉的智能化管理。

一、水肥一体化智能灌溉系统概述

基于物联网的智能化灌溉系统涉及传感器技术、自动控制技术、数据分析和处理技术、网络和无线通信技术等关键技术，是一种应用潜力广阔的现代农业设备。该系统通过土壤墒情监测站实时监测土壤含水量数据，结合示范区的实际情况（如灌溉面积、地理条件、种植作物种类的分布、灌溉管网的铺设等）对传感数据进行分析处理，依据传感数据设置灌溉阈值，进而通过自动、定时或手动等不同方式实现水肥一体化智能灌溉。中心站管理员可通过电脑或智能移动终端设备，登录系统监控界面，实时监测示范区内作物生长情况，并远程控制灌溉设备（如固定式喷灌机等）。

基于物联网的智能化灌溉系统，能够实现示范区的精准和智能灌溉，可以提高水资源利用率，缓解水资源日趋紧张的矛盾，增加作物产量，降低作物成本，节省人力资源，优化管理结构。

二、水肥一体化智能灌溉系统总体设计方案

1. 水肥一体化智能灌溉系统总体设计目标

智能化灌溉系统实现对土壤含水量的实时采集，并以动态图形的形式在管理界面上显示。系统依据示范区内灌溉管道的布设情况及固定式喷灌机的安装位置，预先设置相应的灌溉模式（包含自动模式、手动模式、定时模式等），进而通过对实时采集的土壤含水量值和历史数据的分析处理，实现智能化控制。系统能够记录各个区域每次灌溉的时间、灌溉的周期和土壤含水量的变化，有历史曲线对比功能，并可向系统录入各区域内作物的配肥情况、长势、农药的喷洒情况以及作物产量等信息。系统可通过管理员系统分配使用权限，对不同的用户开放不同的功能，包括数据查询、远程查看、参数设置、设备控制和产品信息录入等功能。

2. 水肥一体化智能灌溉系统架构

系统布设土壤墒情监测站和远程设备控制系统、智能网关和摄像头等设备，实现对示范区内传感数据的采集和灌溉设备控制功能；示范区现场通过 2G/3G 网络和光纤实现与数据平台的通信；数据平台主要实现环境数据采集、阈值告警、历史数据记录、远程控制、控制设备状态显示等功能；数据平台进一步通过互联网实现与远程终端的数据传输；远程终端实现用户对示范区的远程监控（图 3-2）。

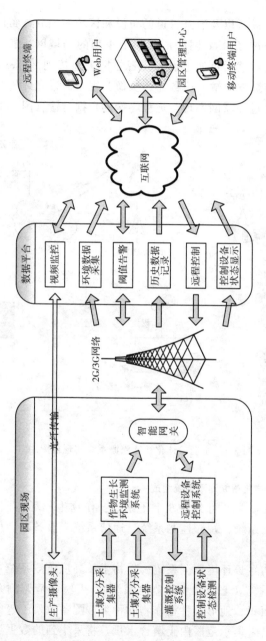

图 3-2 水肥一体化智能灌溉系统整体结构图

依据灌溉设备以及灌溉管道的布设和区域的划分，布设核心控制器节点，通过 ZigBee 网络形成一个小型的局域网，通过 GPRS 实现设备定位，然后再通过嵌入式智能网关连接到 2G/3G 网络的基站，进而将数据传输到服务器；摄像头视频通过光纤传输至服务器；服务器通过互联网实现与远程终端的数据传输（图 3-3）。

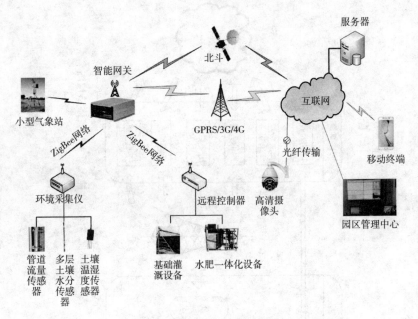

图 3-3　水肥一体化智能灌溉系统实现框图

3. 水肥一体化智能灌溉系统组成

智能化灌溉系统可分为 6 个子系统：作物生长环境监测系统、远程设备控制系统、视频监测系统、通信系统、服务器、用户管理系统。

（1）作物生长环境监测系统　作物生长环境监测系统主要为土壤墒情监测系统（土壤含水量监测系统）。土壤墒情监测系统是根据示范区的面积、地形及种植作物的种类，配备数量不等的土壤水分传感器，以采集示范区内土壤含水量，将采集到的数据进行分析处理，并通过嵌入式智能网关发送到服务器。示范区用户根据种植作物的实际需求，以采集到的土壤墒情（土壤含水量）参数为依据实现智能化灌溉。通过无线网络传输数据，在满足网络通信距离的范围内，用户可根据需要调整采集器的位置。

（2）远程设备控制系统　远程设备控制系统实现对固定式喷灌机以及水肥一体化基础设施的远程控制。预先设置喷灌机开闭的阈值，根据实时采集到的土壤含水量数据生成自动控制指令，实现自动化灌溉功能。也可通过手动或者定时等不同的模式实现喷灌机的远程控制。此外，系统能够实时检测喷灌机的开闭状态。

（3）视频监测系统　视频监测系统实现对示范区关键部位的可视化监测，根据示范区的布局安置高清摄像头，一般安装在作物的种植区内和固定式喷灌机的附近，视频数据通过光纤传输至监控界面，园区管理者可通过实时的视频查看作物生长状态及灌溉效果。

（4）通信系统　如果域范围比较广阔，地形复杂，则有线通信难度较大。本系统拟采用 ZigBee 网络实现示范区内的通信。ZigBee 网络可以自主实现自组网、多跳、就近识别等功能，该网络的可靠性好，当现场的某个节点出现问题时，其余的节点会自动寻找其他的最优路径，不会影响系统的通信线路。

ZigBee 通信模块转发的数据最终汇集于中心节点进行数据的打包压缩，然后通过嵌入式智能网关发送到服务器。

（5）服务器　服务器为一个管理数据资源并为用户提供服务的计算机，具有较高的安全性、稳定性和处理能力，为智能化灌溉系统提供数据库管理服务和 Web 服务。

（6）用户管理系统　用户可通过个人计算机和手持移动设备，通过 Web 浏览器登录用户管理系统。不同的用户需要分配不同的权限，系统会对其开放不同的功能。例如，高级管理员一般为示范区相关主要负责人，具有查看信息、对比历史数据、配置系统参数、控制设备等权限；一般管理员为种植管理员、采购和销售人员等，具有查看数据信息、控制设备、记录作物配肥信息和出入库管理等权限；访问者为产品消费者和政府人员等，具有查看产品生长信息、园区作物生长状况等权限。用户管理系统安装在园区的管理中心，具体设施包括用户管理系统操作平台和可供实时查看示范区作物生长情况。

4. 水肥一体化智能灌溉系统功能

智能化灌溉系统能实现如下功能：环境数据的显示查看及分析处理、智能灌溉、作物生长记录、产品信息管理等。

（1）环境数据的显示查看及分析处理　一是环境数据的显示查看。在系统界面上能显示各个土壤墒情采集点的数据信息，可设定时间刷新数据。数据显示类型包含实时数据和历史数据，能够查看当前实时的土壤水分含量和任意时间段的土壤水分含量（如每月或当天示范区土壤的墒情数据）；数据显示方式包含列表显示和图形显示，可以根据相同作物的不同种植区域或相同区域不同时间段的数据进行对比，以曲线、柱状图等形式出现。二是环境数据的分析处理。根据采集到的土壤水分含量，结合作物实际生长过程中对土壤水分含量的具体需求，设置作物打开灌溉阀门的水分含量阈值；依据不同作物对土壤水分含量的需求，设定灌溉时间、灌溉周期等。

（2）智能灌溉　本系统可实现三种灌溉控制方式。一是按条件定时定周期灌溉。根据不同区域的作物种植情况任意分组，进行定时定周期灌溉。二是多参数设定灌溉。对不同作物设定适合其生长的多参数的上限与下限值，当实时的参数值超出设定的阈值时，系统就会自动打开相对应区域的电磁阀，对该区域进行灌溉，使参数值稳定在设定数值内。三是人工远程手动灌溉。管理员可通过管理系统，手动进行远程灌溉操作。

（3）作物生长记录　通过数据库记录各个区域的环境数据、灌溉情况、配肥信息、作物长势以及产量等信息。

（4）产品信息管理　园区管理员录入各区域内作物的配肥情况、长势、农药的喷洒情况、产品产量质量、产品出入库管理、仓库库存状况以及农作物产品的品级分类等信息。

5. 水肥一体化智能灌溉系统特点

本系统采用了扩展性的设计思路，在设计架构上注重考虑系统的稳定性和可靠性。整个系统由多组网关及 ZigBee 自组织网络单元组成，每个网关作为一个 ZigBee 局域网络的网络中心，该网络中包含多个节点，每一个节点由土壤水分采集仪或远程设备控制器组成，分别连接土壤水分传感器和固定式喷灌机。本系统可以根据用户的需求，方便快速地组建智能灌溉系统。用户只需增加各级设备的数量，即可实现整个系统的扩容，原有的系统结构无需改动。

6. 水肥一体化智能灌溉系统设计

（1）系统布局　由于本系统的通信子模块采用具有结构灵活、自组网络、就近识别等特点的 Zigbee 无线局域网络，对于土壤湿度传感器的控制器节点的布设相对灵活。根据园区种植作物种类的不同及各种作物对土壤含水量需求的不同布设土壤湿度传感器；根据园区内铺设的灌溉管道、固定式喷灌机位置及作物的分时段、分区域供水需要安装远程控制器设备（每套远程控制器设备包括核心控制器、无线通信模块、若干个控制器扩展模组及其安装配件），每套控制器设备依据就近原则安装在固定式喷灌机旁，实现示范区灌溉的远程智能控制功能；此外，通过控制设备自动检测固定式喷灌机开闭状态信号及视频信号，远程查看，实时掌握灌溉设备的开闭状态。

在项目的实施中，根据示范区的具体情况（包括地理位置、地理环境、作物分布、区域划分等）安装墒情监测站。远程控制设备后期需要安装在灌溉设备的控制柜旁，通过引线的方式实现对喷灌机包括水肥一体化基础设施的远程控制。

（2）网络布局　土壤墒情监测设备和远程控制器设备分别内置 ZigBee 模块和 GPRS 模块，都作为通信网络的节点。嵌入式智能网关是一定区域内的 ZigBee 网络的中心节点，共同组成一个小型的局域网络，实现园区相应区域的网络通信，并通过 2G/3G 网络实现与服务器的数据传输。

该系统均采用无线传输的通信方式，包括 ZigBee 网络传输及 GPRS 模块定位。由于现场地势平坦，无高大建筑物或其他东西遮挡，因此具备无线传输的条件。

7. 水肥一体化智能灌溉系统主要设备

水肥一体化智能灌溉系统主要设备见表 3-1。

表 3-1　水肥一体化智能灌溉系统主要设备

序号	分类	名称	技术参数要求
一、大田物联网控制系统			
1	远程控制部分	远程控制器	(1)最大输入通道：48 路 (2)最大输出通道：48 路 (3)控制响应：≤2 秒 (4)无响应：＜2 次 (5)功耗：≤3 瓦
			(1)无线通信距离：≤200 米 (2)响应时间：≤50 毫秒 (3)串口通信距离：≤20 米
			(1)ZigBee 组网容量：255 个节点 (2)功耗：0.25 瓦 (3)GPRS 通信模块
			不锈钢，(物联网专用定制)
		控制扩展器	(1)开关量输入通道：2 路 (2)电流检测通道：6 路 (3)继电器输出通道：8 路
		模块防水电源	(1)输入：AC 220 伏 (2)输出：DC 12 伏/900 毫安 (3)效率：90% (4)接线式封装

续表

序号	分类	名称	技术参数要求
二、远程查看部分			
2	远程查看部分	高清枪机	200 万,阵列红外 50 米,IP66,背光补偿,数字宽动态,ROI(物联网专用定制)
		核心交换机	(1)千兆以太网交换机 (2)传输速率:10/100/1000 兆比特/秒 (3)背板带宽:48 千兆位/秒 (4)包转发率:35.71 百万包/秒
		硬盘录像机	(1)32 路 200 兆接入带宽 (2)2U 普通机箱 (3)8 个 SATA 接口 (4)1 个 HDMI,1 个 VGA 接口 (5)2 个 USB2.0 接口,1 个 USB3.0 接口 (6)2 个千兆网口 (7)6 路 1080p 解码,支持 600W 高清视频解码 (8)支持智能 SMART 接入,支持智能侦测后检索、智能回放、备份等
		控制平台	(1)Intel Core i3 (2)内存大小 2GB (3)硬盘容量 500GB
		摄像机支架	室内固定、加臂长
		立杆	地笼加立杆 3 米高
		硬盘	监控专用硬盘
		无线网桥	
		辅助材料	水晶头、网线、插排、包扎谷、螺丝、铁丝、终端盒、电源线等辅材

序号	分类	名称	技术参数要求
三、管理部分			
3	现代农业智能管理	物联网管理平台	Intel i5、4G 内存、1TB 硬盘、独显、22 寸显示器、质保 3 年
			含有各个系统的电脑及移动终端客户端,软件终身免费维护升级及后期管理
四、显示部分			
4	大屏显示部分	46 寸液晶拼接屏	(1)国产原装液晶 A＋面板 (2)LED 直下式背光源 (3)分辨率:1920×1080 (4)屏幕对角线:46 英寸 (5)高亮度:500cd/平方米 (6)高对比度:3000∶1 (7)拼缝:≤6.3 毫米 (8)支持多种高清信号输入输出
		内置拼接器	支持单屏、全屏显示相同或不同画面
		HDMI 分配器	1 路 HDMI 输入,9 路 HDMI 输出
		线材	国标(定制)
		拼接墙支架	金属烤漆,纯钢质结构(9 孔)

第四章 水肥一体化技术的
设备安装与调试

水肥一体化技术的设备安装主要包括首部设备安装、管网设备安装和微灌设备安装等环节。

第一节
首部设备安装与调试

一、负压变频供水设备安装

负压变频供水设备安装处应符合控制柜对环境的要求，柜前后应有足够的检修通道，进入控制柜的电源线径、控制柜前的低压柜的容量应有一定的余量，各种检测控制仪表或设备应安装于系统贯通且压力较稳定处，不应对检测控制仪表或设备产生明显的不良影响。如安装于高温（高于 45℃）或具有腐蚀性的地方，在签订订货单时应做具体说明。在已安装时发现安装环境不符合，应及时与原供应商取得联系进行更换。

水泵安装应注意进水管路无泄漏，地面应设置排水沟，并应设置必需的维修设施。水泵安装尺寸见各类水泵安装说明书。

二、离心自吸泵安装

1. 安装使用方法

第一步，建造水泵房和进水池，泵房占地 3 米×5 米以上，并安装一扇防盗门，进水池 2 米×3 米。第二步，安装 ZW 型卧式离心自吸泵，进水口连接进水管到进水池底部，出口连接过滤器，一般两个并联。外装水表、压力表及排气阀（排气阀安装在出水管墙外位置，水泵启停时排气阀会溢水，保持泵房内不被水溢湿）。第三步，安装吸肥管，在吸水管三通处连接阀门，再接过滤器，过滤器与水流方向要保持一致，连接钢丝软管和底阀。第四步，施肥桶可以配 3 只左右，每只容量 200 升左右，通过吸肥管分管分别放进各肥料桶内，可以在吸肥时把不能同时混配的肥料分桶吸入，在管道中混合。第五步，施肥浓度，根据进出水管的口径，配置吸肥管的口径，保持施肥浓度在 5％～7％。通常 4 英寸进水管，3 英寸出水管水泵，配 1 英寸吸肥管，最后施肥浓度在 5％左右。肥料的吸入量始终随水泵流量大小而改变，而且保持相对稳定的浓度。田间灌溉量大，即流量大，吸肥速度也随之加快，反之，吸肥速度减慢，始终保持浓度相对稳定。

2. 注意事项

施肥时要保持吸肥过滤器和出水过滤器畅通，如遇堵塞，应及时清洗；施肥过程中，当施肥桶内肥液即将吸干时，应及时关闭吸肥阀，防止空气进入泵体产生气蚀。

三、潜水泵安装

1. 安装方法

拆下水泵上部出水口接头，用法兰连接止回阀，止回阀箭头指向水流方向。管道垂直向上伸出池面，经弯头引入泵房，在泵房内与过滤器连接，在过滤器前开一个直径 20 毫米的施肥口，连接施肥泵，前后安装压力表。水泵在水池底部需要垫高 0.2 米左右，防止淤泥堆积，影响散热。

2. 施肥方法

第一步，开启电机，使管道正常供水，压力稳定。第二步，开启施肥泵，调整压力，开始注肥，注肥时需要有操作人员照看，随时关注压力变化及肥量变化，注肥管压力要比出水管压力稍大一些，保证能让肥液注出水管，但压力不能太大，以免引起倒流，肥料注完后，再灌15分钟左右的清水，把管网内的剩余肥液送到作物根部。

四、山地微蓄水肥一体化

山地微蓄水肥一体化技术是利用山区自然地势高差获得输水压力，对地势相对较低的田块进行微灌，即将"微型蓄水池"和"微型滴灌"组合成"微蓄微灌"。其方法是在田块上坡（即地势较高处）建造一定大小容积的蓄水池，利用自然地势高差产生水压，以塑料输水管把水输送到下部田块，通过安装在田间的出水均匀性良好的滴灌管把水均匀准确地输送到植株根部，形成自流灌溉。这种方式不需要电源和水泵等动力的配置，适合山区、半山区以及丘陵地带的作物种植园的灌溉。水池出水口位置直接安装过滤器及排气阀等设备，然后连接管网将灌溉水肥输送到植物根部。

山地水肥一体化技术的使用，每年每亩可以节约用工15个以上，作物增产15%以上。水肥一体可以使肥料全部进入土壤耕作层中，减少了肥料浪费流失及表面挥发，能节肥15%以上。

山地水肥一体化技术的首部设备主要由引水池、沉沙池、引水管、蓄水池、总阀门、过滤器以及排气阀等组成（图4-1）。这种首部设置简单、安全可靠，如果过滤器性能良好，在施肥过程中基本不需要护理。

引水池、沉沙池起到初步过滤水源、蓄水的作用，将水源中的泥沙、枝叶等进行拦截。引水管是将水源中的水引到蓄水池的管道，引水管埋在地下0.3～0.4米为宜，防止冻裂和人为破坏。如果管路超过1千米，且途中有起伏坡地，需要在起伏高处设置排气阀，防止气阻。

蓄水池与灌溉地的落差应在10～15米，蓄水池大小根据水源大小、需灌溉面积确定，一般以50～120米³为宜。蓄水池建造质量要求较高，最好采用钢筋混凝土结构，池体应深埋地下，露出地

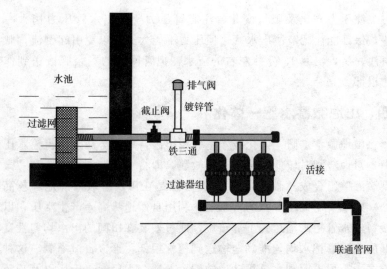

图 4-1　山地水肥一体化首部结构示意图

面部分以不超过池体的 1/3 为宜。建池时，预装清洗阀、出水阀和溢水口，特别注意要在建造蓄水池的同时安装，使其与水池连成一体，不能在事后打孔安装，否则容易漏水。顶部加盖留维修口，以确保安全。

　　过滤器安装在出水阀处，最好同时安装 2 套为一组的过滤器，方便清洗。施肥池也可以用施肥桶代替，容积为 1~2 米^3，连接出水管。

　　在实践中，有两种施肥方式适合山地水肥一体化技术。一是直接施肥。在肥量和供水量确定的情况下，可以根据水池蓄水量，按照施肥浓度加入易于溶解的肥料。肥料需要事先在小桶中搅拌至充分溶解，滤除残渣，倒入蓄水池中再均匀混合，灌溉时打开各处阀门，肥液直接流到作物根部。在施肥完成后，用清水充入管道 15分钟左右，把灌水器及管道内的剩余肥液冲洗干净，防止肥液结晶堵塞滴头。二是压差施肥。在稍高于蓄水池最高液面处放置施肥桶，用施肥管连接出水管，并将施肥口开在过滤器的前面，使肥液经过过滤器去除杂质，灌溉时打开出水管总阀，再打开施肥阀，让饱和肥液与灌溉水在管道内混合均匀后经各级管网输送到作物区，施肥完成后，再用清水冲管即可。

第二节
管网设备安装与调试

一、平地管网

在水肥一体化设施建设过程中，除了选择合适的首部设备，还需要布局合理、经济实用的供水管网。近几年，塑料管业飞速发展，品质日趋成熟，塑料管道以价廉质优的优势代替镀锌管道。目前，灌溉管网的建设大多采用塑料管道，其中应用最广的有聚氯乙烯（PVC）和聚乙烯（PE）管材管件，其中PVC管需要用专用胶水粘合，PE管需要热熔连接。

1. 开沟挖槽及回填

（1）开挖沟槽 铺设管网的第一步是开沟挖槽，一般沟宽0.4米，深0.6米左右，呈U形，挖沟要平直，深浅一致，转弯处以90°和135°处理。沟的坡面呈倒梯形，上宽下窄，防止泥土坍塌导致重复工作。在适合机械施工的较大场地可以用机械施工，在田间需要人工作业（图4-2）。

图4-2 开挖沟槽

开挖沟槽时，沟底设计标高上下0.3米的原状土应予以保留，禁止扰动，铺管前人工清理，但一般不宜挖至沟底设计标高以下，如局部超挖，需用沙土或合乎要求的原土填补并分层夯实，要求最后形成的沟槽底部平整、密实、无坚硬物质。

① 当槽底为岩石时，应铲除到设计标高以下不小于 0.15 米，挖深部分用细沙或细土回填密实，厚度不小于 0.15 米；当原土为盐类时，应铺垫细沙或细土。

② 当槽底土质极差时，可将管沟挖得深一些，然后在挖深的管底用沙填平，用水淹没后再将水吸掉（水淹法），使管底具有足够的支撑力。

③ 凡可能引起管道不均匀沉降的地段，其地基应进行处理，可采取其他防沉降措施。

开挖沟槽时，如遇管线、电缆时加以保护，并及时向相关单位报告，及时解决处理，以防发生事故造成损失。开挖沟槽土层要坚实，如遇松散的回填土、腐殖土或石块等，应进行处理，散土应挖出，重新回填，回填厚度不超过 20 厘米，进行碾压，腐殖土应挖取换填砂砾料，并碾压夯实；如遇石块，应清理出现场，换填土质较好的土回填。在开挖沟槽过程中，应对沟槽底高程及中线随时测控，以防超挖或偏位。

（2）回填　在管道安装与铺设完毕后回填，回填的时间宜在一昼夜中气温最低的时刻，管道两侧及管顶以上 0.5 米内的回填土，不得含有碎石、砖块、冻土块及其他杂硬物体。回填土应分层夯实，一次回填高度宜 0.1～0.15 米，先用细沙或细土回填管道两侧，人工夯实后再回填第二层，直至回填到管顶以上 0.5 米处，沟槽的支撑应在保证施工安全情况下，按回填顺序依次拆除，拆除竖板后，应以沙土填实缝隙。在管道试压前，管顶以上回填土高度不宜小于 0.5 米，管道接头处 0.2 米范围内不可回填，以便观察试压时运行情况。管道试压合格后的大面积回填，宜在管道内充满水的情况下进行。管道铺设后不宜长时间处于空管状态，管顶 0.5 米以上部分的回填土内允许有少量直径不大于 0.1 米的石块。采用机械回填时，要从管的两侧同时回填，机械不得在管道上方行驶。规范操作能使地下管道更加安全耐用。

2. PVC 管道安装

与 PVC 管道配套的是 PVC 管件，管道和管件之间用专用胶水粘接，这种胶水能把 PVC 管材、管件表面溶解成胶状，在连接后物质相互渗透，72 小时后即可连成一体。所以，在涂胶的时候应注意胶水用量，不能太多，过多的胶水会沉积在管道底部，把管壁部分溶解变软，降低管道应力，在遇到水锤等极端压力的时候，此外最容易破裂，导致维修成本增高，还影响农业生产。

（1）截管　施工前按设计图纸的管径和现场核准的长度（注意扣除管、配件的长度）进行截管。截管工具选用割刀、细齿锯或专用断管机具；截口端面平整并垂直于管轴线（可沿管道圆周做垂直管轴标记再截管）；去掉截口处的毛刺和毛边并磨（刮）倒角（可选用中号砂纸、板锉或角磨机），倒角坡度宜为 $15°\sim20°$，倒角长度约为 1.0 毫米（小口径）或 $2\sim4$ 毫米（中、大口径）。

管材和管件在粘合前应用棉纱或干布将承、插口处粘接表面擦拭干净，使其保持清洁，确保无尘沙与水迹；当表面沾有油污时需用棉纱或干布蘸丙酮等清洁剂将其擦净；棉纱或干布不得带有油腻及污垢；当表面黏附物难以擦净时，可用细砂纸打磨。

（2）粘接

① 试插及划线。粘接前应进行试插以确保承、插口配合情况符合要求，并根据管件实测承口深度在管端表面划出插入深度标记（粘接时需插入深度即承口深度），对中、大口径管道尤其需注意。

② 涂胶。涂抹胶水时需先涂承口，后涂插口（管径≥90 毫米的管道承、插面应同时涂刷），重复 $2\sim3$ 次，宜先环向涂刷再轴向涂刷，胶水涂刷承口时由里向外，插口涂刷应为管端至插入深度标记位置，刷胶纵向长度要比待粘接的管件内孔深度稍短些，胶水涂抹应迅速、均匀、适量，粘接时保持粘接面湿润且软化。涂胶时应使用鬃刷或尼龙刷，刷宽应为管径的 $1/3\sim1/2$，并宜用带盖的敞口容器盛装，随用随开。

③ 连接及固化。承、插口涂抹粘接剂后应立即找正方向将管端插入承口并用力挤压，使管端插入至预先划出的插入深度标记处（即插至承口底部），并保证承、插接口的直度；同时需保持必要的施力时间（管径＜63毫米的为30～60秒，管径≥63毫米的为1～3分钟）以防止接口滑脱。当插至1/2承口再往里插时宜稍加转动，但不应超过90°，不应插到底部后进行旋转。

④ 清理。承、插口粘接后应将挤出的粘接剂擦净。粘接后，固化时间2小时，至少72小时后才可以通水。管道粘接不宜在湿度很大的环境下进行，操作场所应远离火源，防止撞击和避免阳光直射，在温度低于−5℃环境中不适宜，当环境温度为低温或高温时需采取相应措施。

3. PE管道安装

PE管道采用热熔方式连接，有对接式热熔和承插式热熔两种，一般大口径管道（DN100毫米以上）都用对接热熔连接，有专用的热熔机，具体可根据机器使用说明进行操作。DN80毫米以下均可以用承插方式热熔连接，优点是热熔机轻便，可以手持移动，缺点是操作需要2人以上，承插后，管道热熔口容易过热缩小，影响过水。

（1）准备工作　管道连接前，应对管材和管件现场进行外观检查，符合要求方可使用。主要检查项目包括外表面质量、配件质量、材质的一致性等。管材、管件的材质一致性直接影响连接后的质量。在寒冷气候（−5℃以下）和大风环境条件下进行连接时，应采取保护措施或调整连接工艺。管道连接时管端应洁净，每次收工时管口应临时封堵，防止杂物进入管内。热熔连接前后，连接工具加热面上的污物应用洁净棉布擦净。

（2）承插连接方法　此方法将管材表面和管件内表面同时无旋转地插入熔接器的模头中加热数秒，然后迅速撤去熔接器，把已加热的管子快速地垂直插入管件，保压、冷却、连接。连接流程：检查—切管—清理接头部位及划线—加热—撤熔接器—找正—管件套入管子并校正—保压、冷却。

① 要求管子外径大于管件内径，以保证熔接后形成合适的凸缘。

② 加热：将管材外表面和管件内表面同时无旋转地插入熔接器的模头中回执数秒，加热温度为260℃。

③ 插接：管材、管件加热到规定的时间后，迅速从熔接器的模头中拔出并撤去熔接器，快速找正方向，将管件套入管段至划线位置，套入过程中若发现歪斜应及时校正。

④ 保压、冷却：冷却过程中，不得移动管材或管件，完全冷却后才可进行下一个接头的连接操作。

热熔承插连接应符合下列规定：热熔承插连接管材的连接端应切割垂直，并应用洁净棉布擦净管材和管件连接面上的污物，标出插入深度，刮除其表皮；承插连接前，应校直两对应的待连接件，使其在同一轴线上；插口外表面和承口内表面应用热熔承插连接工具加热；加热完毕，待连接件应迅速脱离承接连接工具，并应用均匀外力插至标记深度，使待连接件连接结实。

(3) 热熔对接连接 热熔对接连接是将与管轴线垂直的两管子对应端面与加热板接触使之加热熔化，撤去加热板后，迅速将熔化端压紧，并保证压至接头冷却，从而连接管子。这种连接方式无需管件，连接时必须使用对接焊机。热熔对接连接一般分为五个阶段：预热阶段、吸热阶段、加热板取出阶段、对接阶段、冷却阶段。加热温度和各个阶段所需要的压力及时间应符合热熔连接机具生产厂管材、管件生产厂的规定。连接程序：装夹管子—铣削连接面—回执端面—撤加热板—对接—保压、冷却。

① 将待连接的两管子分别装夹在对接焊机的两侧夹具上，管子端面应伸出夹具20～30毫米，并调整两管子使其在同一轴线上，管口错边不宜大于管壁厚度的10%。

② 用专用铣刀同时铣削两端面，使其与管轴线垂直，待两连接面相吻合后，铣削后用刷子、棉布等工具清除管子内外的碎屑及污物。

③ 当回执板的温度达到设定温度后，将加热板插入两端面间同时加热熔化两端面，加热温度和加热时间按对接工具生产厂或管材生产厂的规定，加热完毕后快速撤出加热板，接着操纵对接焊机使其中一根管子移动至两端面完全接触并形成均匀凸缘，保持适当压力直到连接部位冷却到室温为止。

热熔对接焊接时，要求管材或管件应具有相同的熔融指数，且最好应具备相同的 SDR 值。另外，采用不同厂家的管件时，必须选择与之相匹配的焊机才能取得最佳的焊接效果。热熔连接保压、冷却时间应符合热熔连接工具生产厂和管件、管材生产厂规定，保证冷却期间不得移动连接件或在连接件上旋加外力。

二、山地管网

山地灌溉管网适合选用 PE 管，常规安装方向同平地管网。铺设方法与平地有些不同，主管从蓄水池沿坡而下铺设，高差每隔20～30 米安装减压消能池，消能池内安装浮球阀。埋地 0.3 米以下，支管垂直于坡面露出地面，安装阀门，阀门用阀门井保护。

各级支管依照设计要求铺设，关键是滴灌管的铺设需要沿等高线方向铺设，出水量更加均匀。

第三节
微灌设备安装与调试

一、微喷灌的安装与调试

微喷灌系统包括水源、供水泵、控制阀门、过滤器、施肥阀、施肥罐、输水管、微喷头等。这里以温室大棚微喷灌安装为例。

材料选择与安装：吊管、支管、主管管径宜分别选用 4～5 毫米、8～20 毫米、32 毫米，壁厚 2 毫米的 PVC 管，微喷头间距2.8～3 米，工作压力 0.18 兆帕左右，单相供水泵流量 8～12 升/小时，要求管道抗堵塞性能好，微喷头射程直径为 3.5～4 米，喷水雾化要均匀，布管时两根支管间距 2.6 米，把膨胀螺栓固定在温棚长度方向距地面 2 米的位置上，将支管固定，把微喷头、吊管、弯头连接起来，倒挂式安装好微喷头即可。

1. 安装步骤

（1）工具准备　钢锯、轧带、打孔器手套等。

（2）安装方式　大棚内，微喷头一般是倒挂安装（图 4-3），这种方式不仅不占地，还可以方便田间作业。根据田间试验和实际应用效果，微喷头间距以 2.5～2.6 米为宜，下挂长度以地面以上1.8～2 米较合适，一般选择 G 型微喷头，微喷头 G 型桥架朝向要朝一个方向，这样喷出的水滴可以互补，提高均匀度。

图 4-3　倒挂微喷头

（3）防滴器安装　在安装过程中，可以安装防滴器，使微喷头在停止喷水的时候阻止管内剩余的水滴落，以免影响作物生长。也可不装，其窍门是在安装微喷头的时候，调整做畦位置和支管安装位置，使喷头安装在畦沟地正上方，剩余的水滴落在畦沟里。

（4）端部加喷头　大棚的端部同时安装两个喷头，高差 10 厘米，其中一个喷头流量 40 升/小时。其作用是使大棚两端湿润更均匀。

（5）喷头预安装　裁剪毛管（以预定长度均匀裁剪）—装喷头—安装对夹配重—成品（图 4-4）。

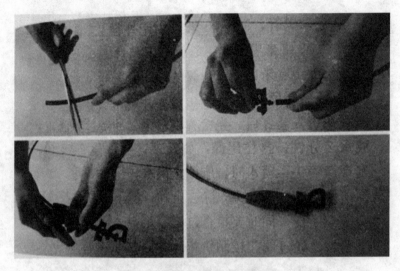

图 4-4　微喷头安装示意图

（6）固定黑管　把黑管沿大棚方向纵向铺开，调整扭曲部分，使黑管平顺地铺在地上，按预定距离打孔，再安装喷头，从大棚末端开始，预留 2 米，开始把装好喷头的黑管捆扎固定在棚管上，注意不宜用铁丝类金属丝捆扎，因为其在操作中容易丝勾外翘，扎破大棚膜或者生锈。

2. 安装选型

（1）喷道选择　一套大棚安装几道微喷，要根据大棚宽幅确定。

8 米大棚两道安装，喷头选择 70 升，双流道，型号 LF-GWPS6000，喷幅 6 米。两道黑管距离 4 米左右，喷头间距 2.5～2.6 米，交叉排列。

6 米大棚单道安装，喷头流量 120 升，单流道，型号 LFGWP 8000，喷幅 8 米，间距 2.5～2.8 米。大棚两端双个安装，高差 10 厘米，其中一个喷头 70 升/小时。

（2）喷管选择　喷管通常选用黑色低密度（高压）聚乙烯管，简称黑管。这种管材耐老化，能适应严酷的田间气候环境，新料管材能在田间连续使用 10 年以上。

（3）管径选择　根据单道喷灌长度，通过计算得出管道口径，一般长度 30 米以内可以用外径 16 毫米的黑管，30～50 米以内可以用外径 20 毫米的黑管，50～70 米以内用外径 25 毫米的黑管，70～90 米用外径 32 毫米的黑管。一般长度不超过 100 米，这样可以节约成本；长度 100 米以上，建议从中间开三通过水。

3. 注意事项

微喷灌系统安装好后，先检查供水泵，冲洗过滤器和主、支管道，放水 2 分钟，封住尾部，如发现连接部位有问题应及时处理。发现微喷头不喷水时，应停止供水，检查喷孔，如果是沙子等杂物堵塞，应取下喷头，除去杂物，但不可自行扩大喷孔，以免影响微喷灌质量，同时要检查过滤器是否完好。

喷灌时，通过阀门控制供水压力，使其保持在 0.18 兆帕左右。微喷灌时间一般宜选择在上午或下午，这时进行微喷灌后地温能快速上升。喷水时间及间隔可根据作物的不同生长期和需水量来确定。随着作物长势的增高，微喷灌时间逐步增加，经测定，在高温季节微喷灌 20 分钟，可降温 6～8℃。因微喷灌的水直接喷洒在作物叶面上，便于叶面吸收，促进作物生长。

二、滴灌设备安装与调试

作物的生物学特征各异，栽培的株距、行距也不一样（通常 15～40 厘米），为了达到灌溉均匀的目的，所要求滴灌带滴孔距离、规格也一样。通常滴孔距离有 15 厘米、20 厘米、30 厘米、40

厘米，常用的有 20 厘米、30 厘米。这就要求滴灌设施实施过程中，需要考虑使用单条滴灌带端部首端和末端滴孔出水量均匀度相同且前后误差在 10% 以内的产品。在设计施工过程中，需要根据实际情况选择合适规格的滴灌带，还要根据这种滴灌带的流量等技术参数确定单条滴灌带的最佳铺设长度。

1. 滴灌设备安装

（1）灌水器选型　大棚栽培一般选用内镶式滴灌带，规格 16 毫米×200 毫米或 300 毫米，壁厚可以根据农户投资需求选择 0.2 毫米、0.4 毫米、0.6 毫米，滴孔朝上，平整地铺在畦面的地膜下面。

（2）滴灌带数量　可以根据作物种植要求和投资意愿，决定每畦铺设的条数，通常每畦至少铺设一条，两条最好。

（3）滴灌带安装　棚头横管用 25 英寸，每棚一个总开关，每畦另外用旁通阀，在多雨季节，大棚中间和棚边土壤湿度不一样，可以通过旁通阀调节灌水量。

铺设滴灌带时，先从下方拉出，由一人控制，另一人拉滴灌带，当滴管带略长于畦面时，将其剪断并将末端折扎，防止异物进入。首部连接旁通或旁通阀，要求滴灌带用剪刀裁平，如果附近有滴头，则剪去不要，把螺旋螺帽往后退，把滴灌带平稳套进旁通阀的口部，适当摁住，再将螺帽往外拧紧即可。滴灌带尾部折叠并用细绳扎住，打活结，以方便冲洗（用带用堵头也可以，只是在使用过程中受水压、泥沙等影响，不容易拧开冲洗，直接用线扎住方便简单）。

把黑管连接总管，三通出口处安装球阀，配置阀门井或阀门箱保护。整体管网安装完成后，通水试压，冲出施工过程中留在管道内的杂物，调整缺陷处，然后关水，滴灌带上堵头，25 英寸黑管上堵头。

2. 设备使用技术

（1）滴灌带通水检查　在滴灌受压出水时，正常滴孔的出水量是呈滴水状的，如果有其他洞孔，出水是呈喷水状的，在膜下会传出水柱冲击的响声，所以要巡查各处，检查是否有虫咬或其他机械性破洞，发现后及时修补。在滴灌带铺设前，一定要对畦面的地下害虫或越冬害虫进行一次灭杀。

（2）灌水时间　初次灌水时，由于土壤团粒疏松，水滴容易直接往下顺着土块空隙流到沟中，没能在畦面实现横向湿润。所以要短时间、多次、间歇灌水，让畦面土壤形成毛细管，促使水分横向湿润。

瓜果类作物在营养生长阶段要适当控制水量，防止枝叶生长过旺影响结果。在作物挂果后，滴灌时间要根据滴头流量、土壤湿度、施肥间隔等情况决定。一般在土壤较干时滴灌 3～4 小时；而当土壤湿度居中且仅以施肥为目的时，水肥同灌约 1 小时较合适。

（3）清洗过滤器　每次灌溉完成后，需要清洗过滤器。每 3～4 次灌溉后，特别是水肥灌溉后，需要把滴灌带堵头打开冲水，将残留在管壁内的杂质冲洗干净。作物采收后，集中冲洗 1 次，收集备用。如果是在大棚内，只需要把滴灌带整条拆下，挂到大棚边的拱管上即可，下次使用时再铺到膜下。

第五章 水肥一体化系统操作与维护

　　水肥一体化系统操作主要是指在作物生长季节灌溉施肥系统正常工作，实现灌水和施肥功能所需要进行的一系列工作。而正确保养水肥一体化系统，可最大限度地延长系统的使用寿命，充分发挥系统的作用。

第一节
水肥一体化系统操作

　　水肥一体化系统操作包括运行前的准备、灌溉操作、施肥操作、轮灌组更替和结束运行前的操作等工作。

一、运行前的准备

　　运行前的准备工作主要是检查系统是否按设计要求安装到位，检查系统主要设备和仪表是否正常，对损坏或漏水的管段及配件进行修复。

1. 检查水泵与电机
　　检查水泵与电机所标示的电压、频率与电源电压是否相符，检查电机外壳接地是否可靠，检查电机是否漏油。

2. 检查过滤器
　　检查过滤器安装位置是否符合设计要求，是否有损坏，是否需要冲洗。介质过滤器在首次使用前，首先在罐内注满水并放入一包氯球，搁置 30 分钟后按正常使用方法各反冲 1 次。此次反冲也可预先搅拌介质，使之颗粒松散，接触面展开。然后充分清洗过滤器的所有部件，紧固所有螺丝。离心式过滤器冲洗时先打开压盖，将沙子取出冲净即可。网式过滤器手工清洗时，扳动手柄，放松螺杆，打开压盖，取出滤网，用软刷子刷洗筛网上的污物并用清水冲洗干净。叠片过滤器要检查和更换变形叠片。

3. 检查肥料罐或注肥泵

检查肥料罐或注肥泵的零部件和与系统的连接是否正确，清除罐体内的积存污物以防进入管道系统。

4. 检查其他部件

检查所有的末端竖管是否有折损或堵头丢失。前者取相同零件修理，后者补充堵头。检查所有阀门与压力调节器是否启闭自如，检查管网系统及其连接微管，如有缺损应及时修补。检查进排气阀是否完好，并打开。关闭主支管道上的排水底阀。

5. 检查电控柜

检查电控柜的安装位置是否得当。电控柜应防止阳光照射，并单独安装在隔离单元内，要保持电控柜房间的干燥。检查电控柜的接线和保险是否符合要求，是否有接地保护。

二、灌溉操作

水肥一体化系统包括单户系统和组合系统。组合系统需要分组轮灌。系统的简繁不同、灌溉作物和土壤条件不同都会影响到灌溉操作。

1. 管道充水试运行

在灌溉季节首次使用时，必须进行管道充水冲洗。充水前应开启排污阀或泄水阀，关闭所有控制阀门，在水泵运行正常后缓慢开启水泵出水管道上的控制阀门，然后从上游至下游逐条冲洗管道，充水中应观察排气装置的工作是否正常。管道冲洗后应缓慢关闭泄水阀。

2. 水泵启动

要保证动力机在空载或轻载下启动。启动水泵前，首先关闭总阀门，并打开准备灌水的管道上所有排气阀排气，然后启动水泵向管道内缓慢充水。启动后观察和倾听设备运转是否有异常声音，在确认启动正常的情况下，缓慢开启过滤器及控制田间所需灌溉的轮灌组的田间控制阀门，开始灌溉。

3. 观察压力表和流量表

观察过滤器前后的压力表读数差异是否在规定的范围内，压差读数达到 7 米水柱，说明过滤器内堵塞严重，应停机冲洗。

4. 冲洗管道

新安装的管道（特别是滴灌管）第一次使用时，要先放开管道末端的堵头，充分放水冲洗各级管道系统，把安装过程中集聚的杂质冲洗干净后，封堵末端堵头，然后才能开始使用。

5. 田间巡查

要到田间巡回检查轮灌区的管道接头和管道是否漏水，各个灌水器是否正常。

三、施肥操作

施肥过程是伴随灌溉同时进行的，施肥操作在灌溉进行 20～30 分钟后开始，并确保在灌溉结束前 20 分钟内结束，这样可以保证对灌溉系统的冲洗和尽可能地减少化学物质对灌水器的堵塞。

施肥操作前要按照施肥方案将肥料准备好，对于溶解性差的肥料可先将肥料溶解在水中。不同的施肥装置在操作细节上有所不同。

1. 压差式施肥罐

（1）压差施肥罐的运行　压差施肥罐的操作运行顺序如下。第一步，根据各轮灌区具体面积或作物株数（如果树）计算好当次施肥的数量。称好或量好每个轮灌区的肥料。第二步，用两根各配一个阀门的管子将旁通管与主管接通，为便于移动，每根管子上可配用快速接头。第三步，将液体肥直接倒入施肥罐，若用固体肥料则应先行单独溶解并通过滤网注入施肥罐。有些用户将固体肥直接投入施肥罐，使肥料在灌溉过程中溶解，这种情况下用较小的罐即可，但需要 5 倍以上的水量以确保所有肥料被用完。第四步，注完肥料溶液后，扣紧罐盖。第五步，检查旁通管的进出口阀均关闭而节制阀打开，然后打开主管道阀门。第六步，打开旁通进出口阀，然后慢慢地关闭节制阀，同时注意观察压力表，得到所需的压差（1～3米水压）。第七步，对于有条件的用户，可以用电导率仪测定施肥所需时间，或用 Amos Teitch 的经济公式估计施肥时间。施肥完毕后关闭进口阀门。第八步，要施下一罐肥时，必须排掉部分罐内的积水。在施肥罐进水口处应安装一个 $\frac{1}{2}$ 英寸的进排气阀或 $\frac{1}{2}$ 英寸的球阀。打开罐底的排水开关前，应先打开排气阀或球阀，否则水排不出去。

（2）压差施肥罐施肥时间监测方法　　压差施肥罐是按数量施肥的方式，开始施肥时流出的肥料浓度高，随着施肥进行，罐中肥料越来越少，浓度越来越稀。阿莫斯特奇（Amos Teich）总结了罐内不断降低的溶液浓度的规律，即在相当于 4 倍罐容积的水流过罐体后，90％的肥料已进入灌溉系统（但肥料应在一开始就完全溶解），流入罐内的水量可用罐入口处的流量来测量。灌溉施肥的时间取决于肥料罐的容积及其流出速率：

$$T = 4V/Q$$

式中，T 为施肥时间，小时；V 为肥料罐容积，升；Q 为流出液速率，升/小时；4 是指流入肥料罐中需 480 升水才能把 120 升肥料溶液全部带入灌溉系统中。

例：一肥料罐容积为 220 升，施肥历时 2 小时，求旁通管的流量。

根据上述公式，在 2 小时内必须有（4×220）880 升水流过施肥罐，故旁通管的流量应不低于：

$$880/120=7.3（分钟）$$

因为施肥罐的容积是固定的，当需要加快施肥速度时，必须使旁通管的流量增大。此时要把节制阀关得更紧一些。Amos Teich 公式是在肥料完全溶解的情况下获得的一个近似公式。在田间情况下很多时候用固体肥料（肥料量不超过罐体的 1/3），此时肥料被缓慢溶解。张承林等比较了等量的氯化钾和磷酸钾肥料在完全溶解和固体状态两种情况下倒入施肥罐，在相同压力和流量下的施肥时间。用监测滴头处灌溉水的电导率的变化来判断施肥的时间，当水中电导率达到稳定后表明施肥完成。将 50 千克固体硝酸钾或氯化钾（或溶解后）倒入施肥罐，罐容积为 220 升，每小时流入罐的水量为 1600 升，主管流量为 37.5 米³/小时，通过施肥罐的压力差为 0.18 千克/厘米²，灌溉水温度为 30℃。结果表明，在流量、压力、用量相同的情况下，不管是直接用固体肥料，还是将其溶解后放入施肥罐，施肥的时间基本一致。两种肥料大致在 40 分钟施完。施肥开始后约 10 分钟滴头处才达到最大浓度，这与测定时轮灌区的面积有关（施肥时面积约 150 亩）。面积越大，开始施肥时肥料要走的路越远，需要的时间越长。由于施肥的快慢与经过施肥罐的流量有关，当需要快速施肥时，可以增大施肥罐两端的压差；反之减小压差。在有条件的地方，可以用下列方法测定施肥时间。

① EC 法（电导率法）。肥料大部分为无机盐（尿素除外），溶解于水后使溶液的电导率增加。监测施肥时流出液电导率的变化即可知每罐肥的施肥时间。将某种单质肥料或复合肥料倒入罐内约 1/3 容积，称重，记录入水口压力（有压力表情况下）或在节制阀的旋紧位置做记号（入水口无压力表），用电导率仪测量流出液的 EC 值，记录施肥开始的时间。施肥过程中每隔 3 分钟测量 1 次，直到 EC 值与入水口灌溉水的 EC 值相等，此时表明罐内无肥，记录结束的时间。开始与结束的时间差即为当次的施肥时间。

② 试剂法。利用钾离子与铵离子能与 2% 的四苯硼钠形成白色

沉淀来判断，做法同 EC 法相似。试验肥料可用硝酸钾、氯化钾、硝酸铵等含钾或铵的肥料。记录开始施肥的时间。每次用 50 毫升的烧杯取肥液 3～5 毫升，滴入 1 滴四苯硼钠溶液，摇匀，开始施肥时变白色沉淀，之后随浓度越来越稀而无反应。此时的时间即为施肥时间。

尿素是灌溉施肥中最常用的氮肥。但上述两种方法都无法检测尿素的施肥时间。通过测定等量氯化钾的施用时间，根据溶解度来推断尿素的施肥时间。如在常温下，氯化钾溶解度为 34.7 克/100 克水，尿素为 100 克/100 克水。当氯化钾的施肥时间为 30 分钟时，因尿素的溶解度比氯化钾更大，等重量的尿素施肥完成时间同样也应为 30 分钟。或者将尿素与钾肥按 1∶9 的比例加入罐内，用监测电导率的办法了解尿素的施肥时间。因钾肥的溶解度比尿素小，只要监测不到电导率的增加，表明尿素已施完毕。

③ 流量法。根据 Amos Teich 公式 $T=4V/Q$，当施肥时所使用的是液体肥料或溶解性较好的固体肥料如尿素时，可推算出一次施肥所需要的时间。因此，可在压差施肥罐的出水口端安装一流量计，从开始施肥到流量计记录的流量约为 4 倍的压差施肥罐体积时，表明施肥罐中肥料已基本施完，此时段所经历的时间即为施肥时间。

了解施肥时间对应用压差施肥罐施肥具有重要意义。当施下一罐肥时必须要将罐内的水放掉至少（1/2）～（2/3），否则无法加放肥料。如果对每一罐的施肥时间不了解，可能会出现肥未施完即停止施肥，将剩余肥料溶液排走而浪费肥料，或肥料早已施完但仍在灌溉，若单纯为施肥而灌溉时会浪费水源或电力，增加施肥人工。特别在雨季或土壤不需要灌溉而只需施肥时更需要加快施肥速度。

（3）压差施肥罐使用注意事项 压差施肥罐使用时，应注意以下事项。

① 当罐体较小时（小于 100 升），固体肥料最好溶解后倒入肥料罐，否则可能会堵塞罐体。特别在压力较低时可能会出现这种

情况。

② 有些肥料可能含有一些杂质，倒入施肥罐前先溶解过滤，滤网 100～120 目。如直接加入固体肥料，必须在肥料罐出口处安装一个 1/2 英寸的筛网过滤器，或者将肥料罐安装在主管道的过滤器之前。

③ 每次施完肥后，应将管道用灌溉水冲洗，将残留在管道中的肥液排出。一般滴灌系统需要 20～30 分钟，微喷灌系统需要 5～10 分钟。喷灌系统无要求。如有些滴灌系统轮灌区较多，而施肥要求在尽量短的时间内完成，可考虑测定滴头处电导率的变化来判断清洗的时间。一般的情况是一个首部的灌溉面积越大，输水管道越长，冲洗的时间也越长。冲洗是一个必需的过程。因为残留的肥液存留在管道和滴头处，极易滋生藻类、青苔等低等植物，堵塞滴头；在灌溉水硬度较大时，残存肥液在滴头处形成沉淀，造成堵塞。据调查，大部分灌溉施肥后滴头堵塞都与施肥后没有及时冲洗有关。及时的冲洗基本可以防止此类问题发生。但在雨季施肥时，可暂时不洗管，等天气晴朗时补洗，否则会造成过量灌溉淋洗肥料。

④ 肥料罐需要的压差由入水口和出水口间的节制阀获得。因为灌溉时间通常多于施肥时间，不施肥时节制阀要全开。经常性地调节阀门可能会导致每次施肥的压力差不一致（特别当压力表量程太大时，判断不准），从而使施肥时间把握不准确。为了获得一个恒定的压力差，可以不用节制阀门，代之以流量表（水表）。水流流经水表时会造成一个微小压差，这个压差可供施肥罐用。当不施肥时，关闭施肥罐两端的细管，主管上的压差仍然存在。在这种情况下，不管施肥与否，主管上的压力都是均衡的。因这个由水表产生的压差是均衡的，无法调控施肥速度，所以只适合深根的作物。对浅根系作物在雨季要加快施肥，这种方法不适用。

张承林等在田间调查发现施肥罐使用中存在一些问题。在田间大面积灌溉区，有些施肥罐体积太小，应该配置 300 升以上的施肥罐，以方便用户施肥。有些施肥罐上不安装进、排气阀，导致操作困难。有些施肥罐的进水和出肥管管径太小，无法调控施肥速度。一般对 200 升以上的施肥罐，应该采用 32 毫米的钢丝软管。从倒肥的操作便利性来看，卧式施肥罐优于立式施肥罐。通常一包肥料50 千克，倒入齐腰高的立式罐难度较大。

2. 文丘里施肥器

虽然文丘里施肥器可以按比例施肥，在整个施肥过程中保持恒定浓度供应，但在制订施肥计划时仍然按施肥数量计算。比如一个轮灌区需要多少肥料要事先计算好。如用液体肥料，则将所需体积的液体肥料加到储肥罐（或桶）中。如用固体肥料，则先将肥料溶解配成母液，再加入储肥罐。或直接在储肥罐中配制母液。当一个轮灌区施完肥后，再安排下一个轮灌区。

当需要连续施肥时，对每一轮灌区先计算好施肥量。在确定施肥速度恒定的前提下，可以通过记录施肥时间或观察施肥桶内壁上的刻度来为每一轮灌区定量。对于有辅助加压泵的施肥器，在了解每个轮灌区施肥量（肥料母液体积）的前提下，安装一个定时器来控制加压泵的运行时间。在自动灌溉系统中，可通过控制器控制不同轮灌区的施肥时间。当整个施肥可在当天完成时，可以统一施肥后再统一冲洗管道，否则必须将施过肥的管道当日冲洗。冲洗的时间要求同旁通罐施肥法。

3. 重力自压式施肥法

施肥时先计算好每轮灌区需要的肥料总量，倒入混肥池，加水溶解，或溶解好直接倒入。打开主管道的阀门，开始灌溉。然后打开混肥池的管道，肥液即被主管道的水流稀释带入灌溉系统。通过调节球阀的开关位置，可以控制施肥速度。当蓄水池的液位变化不大时，施肥的速度可以相当稳定，保持一恒定养分浓度。如采用滴灌施肥，施肥结束后需继续灌溉一段时间，冲洗管道。如拖管淋水肥则无此必要。通常混肥池用水泥建造，坚固耐用，造价低。也可直接用塑料桶作混肥池用。有些用户直接将肥料倒入蓄水池，灌溉时将整池水放干净。由于蓄水池通常体积很大，要彻底放干水很不容易，会残留一些肥液在池中。加上池壁清洗困难，也有养分附着。当重新蓄水时，极易滋生藻类青苔等低等植物，堵塞过滤设备。应用重力自压式灌溉施肥，当采用滴灌时，一定要将混肥池和蓄水池分开，二者不可共用。

利用自重力施肥由于水压很小（通常在 3 米以内），用常规的过滤方式（如叠片过滤器或筛网过滤器）由于过滤器的堵水作用，往往使灌溉施肥过程无法进行。张承林等在重力滴灌系统中用下面的方法解决过滤问题。在蓄水池内出水口处连接一段 1～1.5 米长的 PVC 管，管径为 90 毫米或 110 毫米。在管上钻直径 30～40 毫米的圆孔，圆孔数量越多越好，将 120 目的尼龙网缝制成管大小的形状，一端开口，直接套在管上，开口端扎紧。用此方法大大地增加了进水面积，虽然尼龙网也照样堵水，但由于进水面积增加，总的出流量也增加。泥肥池内也用同样方法解决过滤问题。当尼龙网变脏时，更换一个新网或洗净后再用。经几年的生产应用，效果很好。由于尼龙网成本低廉，容易购买，用户容易接受和采用。

4. 泵吸肥法

根据轮灌区的面积计算施肥量，然后倒入施肥池。开动水泵，放水溶解肥料。打开出肥口处开关，肥料被吸入主管道。通常面积较大的灌区吸肥管用 50～70 毫米的 PVC 管，方便调节施肥速度。一些农户选用的出肥管管径太小（25 毫米或 32 毫米），当需要加速施肥时，由于管径太小无法实现。对较大面积的灌区（如 500 亩以上），可以在肥池或肥桶上划刻度。一次性将当次的肥料溶解好，然后通过刻度分配到每个轮灌区。假设一个轮灌区需要一个刻度单位的肥料，当肥料溶液到达一个刻度时，立即关闭施肥开关，继续灌溉冲洗管道。冲洗完后打开下一个轮灌区，打开施肥池开关，等到达第二个刻度单位时表示第二轮灌区施肥结束，依次进行操作。采用这种办法对大型灌区施肥可以提高工作效率，减轻劳动强度（图 5-1）。

图 5-1　泵吸肥法应用

　　在北方一些井灌区水温较低，肥料溶解慢。一些肥料即使在较高水温中溶解也慢（如硫酸钾）。这时在肥池内安装搅拌设备可显著加快肥料的溶解，一般搅拌设备由减速机（功率 1.5～3.0 千瓦）、搅拌桨和固定支架组成。搅拌桨通常要用 304 不锈钢制造。

5. 泵注肥法

　　南方地区通常都有打药机。许多农民利用打药机作注肥泵用。具体做法如下。在泵房外侧建一个砖水泥结构的施肥池，一般 3～4 米³。通常高 1 米，长宽均 2 米，以不漏水为质量要求。池底最好安装一个排水阀门，方便清洗排走肥料池的杂质。施肥池内侧最好用油漆划好刻度，以 0.5 米³ 为一格。安装一个吸肥泵将池中溶解好的肥料注入输水管。吸肥泵通常用旋涡自吸泵，扬程须高于灌溉系统设计的最大扬程，通常的参数为：电源 220 伏或 380 伏，功率 0.75～1.1 千瓦，扬程 50 米，流量 3～5 米³/小时。这种施肥方法肥料有没有施完看得见、施肥速度方便调节的特点，它适合用于时针式喷灌机、喷水带、卷盘喷灌机、滴灌等灌溉系统。它克服了压差施肥罐的所有缺点。特别是使用地下水的情况下，由于水温低（9～10℃），肥料溶解慢，可以提前放水升温，自动搅拌溶解肥料。通常减速搅拌机的电机功率为 1.5 千瓦。搅拌装置用不生锈材料做成倒 T 形（图 5-2）。

图 5-2　井灌区利用泵注施肥法的施肥场面

6. 移动式灌溉施肥机

　　移动式灌溉施肥机是针对没有电力供应的种植地块而研发的，主要由汽油泵、施肥罐、过滤器和手推车组成，可直接与田间的灌溉施肥管道相连使用，移动方便、迅速。当用户需要对田间进行灌溉施肥时，可以用机车将灌溉施肥机拉到田间，与田间的管道相连，轮流对不同的田块进行灌溉施肥。移动式灌溉施肥机可以代替泵房固定式首部系统，成本低廉，便于推广，能够满足小面积田块灌溉施肥系统的要求。目前，移动式灌溉施肥机的主管道有 2 寸（1 寸≈3.3 厘米）和 3 寸两种规格，每台移动式灌溉施肥机可负责50～100 亩的面积（图 5-3）。

图 5-3　移动式灌溉施肥机

（1）移动式灌溉施肥机操作规程　第一步，移动施肥机每次使用前，都要检查机油和汽油的油位，如果油不足，要在使用前加入足量的油；加入机油时轻轻抬起汽油机的一端，不宜过于倾斜，机油也不宜过多。检查所有接头是否连接完好；检查渠道水位是否处于开机的安全水位。第二步，水泵注水室应在启动前加满预注水，否则会损坏水泵密封圈，同时也会有抽不上水的现象发生。第三步，启动施肥机时，首先要开启燃油开关，关闭阻风门拉杆，将发动机开关置于开启位置，同时将气门拉杆稍向左侧移动，然后抖动启动手柄。当移动施肥机开启后，慢慢开启阻风门，同时将节气门置于所需速度位置。第四步，移动施肥机系统平稳启动后，观察压力表读数，等水抽上来后，压力表显示为水泵工作扬程时，一定要慢慢打开系统总阀门进行灌溉，以防压力大的水一下子冲掉出水口接头。第五步，正常出水时，左边的压力表读数在 0.08～0.20 兆帕（8～20 米）之间，右边读数在 0～0.05 兆帕（0～5 米）之间。第六步，过滤器正常工作时，过滤器两边的压力表读数相差为 0.01～0.03 兆帕，表明此时过滤是清洁的；而当过滤器两边压力表读数相差超过 0.04 兆帕的时候，必须尽快清洗过滤器。第七步，在系统运行时，管理人员应要去相关轮灌区巡查，看运行是否正常。发现破管、断管、堵塞、灌水器损坏、漏水等现象应及时处理。不能处理时，应立即通知有关技术人员协助处理。第八步，系统停机时，将节气门拉杆向左移到底，同时关闭发动机开关、燃油开关，然后关闭球阀开关。

（2）施肥操作　第一步，将计算好的肥料倒入肥料桶，加水搅拌溶解后方可打开施肥开关。第二步，施肥前，先打开要施肥区的开关开始灌水。等到田间所有灌水器都正常出水后，打开施肥开关开始施肥。施肥时间控制在30～60分钟为宜，越慢越好（具体情况可以根据田间的干湿状况调整）。施肥速度可以通过肥料池的开关控制。第三步，施完肥后，不能立即关闭灌溉系统，还要继续灌溉10～30分钟清水，将管道中的肥液完全排出。如果在阴雨天气施肥，此措施可以待天晴后施肥时补洗。不然的话，会在灌水器处长藻类、青苔、微生物等，造成滴头堵塞（这个措施非常重要，也是滴灌成功的关键）。

各种施肥装置具有不同的特点，适合于不同的应用条件，其主要性能比较见表5-1。

表 5-1　各种施肥方法的比较

比较内容	旁通施肥罐	文丘里施肥器	注射泵	自压施肥法	施肥机
操作难易程度	容易	中等	难	容易	难
固体肥料施用	可以	不可以①	不可以②	不可以③	不可以④
液体肥料施用	可以	可以	可以	可以	可以
出肥液速率	大	小	大	可控	可控
浓度控制	无	中等	精确	良好	精确
流量控制	良好	中等	精确	良好	精确
水头损失	小	很大	无	小	无
自动化程度	低	中等	高	低	高
费用	低	中等	高	最低	很高

①②③④ 均为使用液体肥料或将固体肥料溶于水中制备成营养母液。

四、轮灌组更替

根据水肥一体化灌溉施肥制度，观察水表水量确定达到要求的灌水量时，更换下一轮灌组地块，注意不要同时打开所有分灌阀。首先打开下一轮灌组的阀门，再关闭第一个轮灌组的阀门，进行下一轮灌组的灌溉。操作步骤按以上重复。

五、结束灌溉

所有地块灌溉施肥结束后，先关闭灌溉系统水泵开关，然后关闭田间的各开关。对过滤器、施肥罐、管路等设备进行全面检查，达到下一次正常运行的标准。注意冬季灌溉结束后要把田间位于主支管道上的排水阀打开，将管道内的水尽量排净，以避免管道留有积水冻裂管道，此阀门冬季不必关闭。

第二节
水肥一体化系统的
维护保养

要想保持水肥一体化技术系统的正常运行和提高其使用寿命，关键是要正确使用及良好地维护和保养。

一、水源工程

水源工程建筑物有地下取水、河渠取水、塘库取水等多种形式，保持这些水源工程建筑物的完好、运行可靠以及确保设计用水的要求，是水源工程管理的首要任务。

对泵站、蓄水池等工程经常进行维修养护，每年非灌溉季节应进行年修，保持工程完好。对蓄水池沉积的泥沙等污物应定期排除洗刷。开敞式蓄水池的静水中藻类易于繁殖，在灌溉季节应定期向池中投放绿矾，可防止藻类滋生。

灌溉季节结束后，应排除所有管道中的存水，封堵阀门和井。

二、水泵

运行前检查水泵与电机的联轴器是否同心、间隙是否合适、皮带轮是否对正、其他部件是否正常、转动是否灵活，如有问题应及时排除。

运行中检查各种仪表的读数是否在正常范围内，轴承部位的温度是否太高，水泵和水管各部位有没有漏水和进气情况，吸水管道应保证不漏气，水泵停机前应先停起动器，后拉电闸。

停机后要擦净水迹，防止生锈；定期拆卸检查，全面检修；在灌溉季节结束或冬季使用水泵时，停机后应打开泵壳下的放水塞把水放净，防止锈坏或冻坏水泵。

三、动力机械

电机在启动前应检查绕组对地的绝缘电阻、铭牌所标电压和频率与电源电压是否相符、接线是否正确、电机外壳接地线是否可靠等。电机运行中工作电流不得超过额定电流，温度不能太高。电机应经常除尘，保持干燥清洁。经常运行的电机每月应进行 1 次检查，每半年进行 1 次检修。

四、管道系统

在每个灌溉季节结束时，要对管道系统进行全系统的高压清洗。在有轮灌组的情况下，要按轮灌组顺序分别打开各支管和主管的末端堵头，开动水泵，用高压水逐个冲洗轮灌组的各级管道，力争将管道内积攒的污物等冲洗出去。在管道高压清洗结束后，应充分排净水分，装回堵头。

五、过滤系统

1. 网式过滤器

运行时要经常检查过滤网，发现损坏时应及时修复。灌溉季节结束后，应取出过滤器中的过滤网，刷洗干净，晾干后备用。

2. 叠片过滤器

打开叠片过滤器的外壳，取出叠片。先把各个叠片组清洗干净，然后用干布将塑壳内的密封圈擦干放回，之后开启底部集砂膛一端的丝堵，将膛中积存物排出，将水放净，最后将过滤器压力表下的选择钮置于排气位置。

3. 砂石过滤器

灌溉季节结束后，打开过滤器罐的顶盖，检查砂石滤料的数量，并与罐体上的标识相比较，若砂石滤料数量不足应及时补充，以免影响过滤质量。若砂石滤料上有悬浮物，要及时捞出。同时，在每个罐内加入一包氯球，放置 30 分钟后，启动每个罐各反冲 2次，每次 2 分钟，然后打开过滤器罐的盖子和罐体底部的排水阀将水全部排净。单个砂介质过滤器反冲洗时，首先打开冲洗阀的排污阀，并关闭进水阀，水流经冲洗管由集水管进入过滤罐。双过滤器反冲洗时先关闭其中一个过滤罐上的三向阀门，同时打开该罐的反冲洗管进口，由另一过滤罐来的干净水通过集水管进入待冲洗罐内。反冲洗时，要注意控制反冲洗水流的速度，使反冲洗水流速能够使砂床充分翻动，只冲掉罐中被过滤的污物，而不会冲掉作为过滤的介质。最后将过滤器压力表下的选择钮置于排气位置。若罐体表面或金属进水管路的金属镀层有损坏，应立即清锈后重新喷涂。

六、施肥系统

在进行施肥系统维护时，关闭水泵，开启与主管道相连的注肥口和驱动注肥系统的进水口，排除压力。

1. 注肥泵

先用清水洗净注肥泵的肥料罐，打开罐盖晾干，再用清水冲净注肥泵，然后分解注肥泵，取出注肥泵驱动活塞，用随机所带的润滑油涂抹部件，进行正常的润滑保养，最后擦干各部件重新组装好。

2. 施肥罐

首先仔细清洗罐内残液并晾干，然后将罐体上的软管取下并用清水洗净，软管要置于罐体内保存。每年在施肥罐的顶盖及手柄螺纹处涂上防锈液，若罐体表面的金属镀层有损坏，立即清锈后重新喷涂。注意不要丢失各个连接部件。

3. 移动式灌溉施肥机的维护保养

对移动式灌溉施肥机的使用应尽量做到专人管理，管理人员要认真负责，所有操作严格按技术操作规程进行；严禁动力机空转，在系统开启时一定要将吸水泵浸入水中；管理人员要定期检查和维护系统，保持整洁干净，严禁淋雨；定期更换机油（半年），检查或更换火花塞（1年）；及时人工清洗过滤器滤芯，严禁在有压力的情况下打开过滤器；耕翻土地时需要移动地面管，应轻拿轻放，不要用力拽管。

七、田间设备

1. 排水底阀

在冬季来临前，为防止冬季将管道冻坏，把田间位于主支管道上的排水底阀打开，将管道内的水尽量排净，此阀门冬季不关闭。

2. 田间阀门

将各阀门的手动开关置于打开的位置。

3. 滴灌管

在田间将各条滴灌管拉直，勿使其扭折。若冬季回收也要注意勿使其扭曲放置。

八、预防滴灌系统堵塞

1. 灌溉水和水肥溶液先经过过滤或沉淀

在灌溉水或水肥溶液进入灌溉系统前，先经过过滤器或沉淀池，然后经过滤器后才进入输水管道。

2. 适当提高输水能力

根据试验，水的流量在 4～8 升/小时范围内，堵塞减到很小，但考虑到流量愈大则费用愈高，故最优流量约为 4 升/小时。

3. 定期冲洗滴灌管

滴管系统使用 5 次后，要打开滴灌管末端堵头进行冲洗，把使用过程中积聚在管内的杂质冲洗出滴灌系统。

4. 事先测定水质

在确定使用滴灌系统前，最好先测定水质。如果水中含有较多的铁、硫化氢、丹宁，则不适合滴灌。

5. 使用完全溶于水的肥料

只有完全溶于水的肥料才能进行滴灌施肥。不要通过滴灌系统施用一般的磷肥，因为磷会在灌溉水中与钙反应形成沉淀，堵塞滴头。最好不要混合几种不同的肥料，避免发生相关的化学作用而产生沉淀。

九、细小部件的维护

水肥一体化系统是一套精密的灌溉装置，许多部件为塑料制品，在使用过程中要注意各步操作的密切配合，不可猛力扭动各个旋钮和开关。打开各个容器时，注意一些小部件要依原样安回，不要丢失。

水肥一体化系统的使用寿命与系统保养水平有直接关系，保养得越好，使用寿命越长，效益越持久。

第六章　水肥一体化技术的灌溉施肥制度

水肥一体化技术最重要的配套技术就是灌溉施肥制度，它是针对微灌设备应用和作物产量目标提出的，是在一定气候、土壤等自然条件下和一定的农业技术措施下，为使作物获得高额而稳定的产量所制定的一整套灌溉和施肥制度。

第一节　水肥一体化技术的灌溉制度

灌溉制度的拟订包括确定作物全生育期的灌溉定额、灌水次数、灌水的间隔时间、一次灌水的延续时间和灌水定额等。决定灌溉制度的因素主要包括土壤质地、田间持水量、作物的需水特性、作物根系分布、土壤含水量、微灌设备每小时的出水量、降水情况、温度、设施条件和农业技术措施等。反过来说，灌溉制度中各项参数也是设备选择和灌溉管理的依据。

一、水肥一体化技术灌溉制度的有关参数

1. 土壤湿润比

水肥一体化技术中的微灌（微喷灌和滴灌等）与地面大水灌溉在土壤湿润度方面有很大的不同。一般来说，地面大水灌溉是全面

的灌溉，水全面覆盖田块，并且渗透到较深的土层中。而微灌条件下，只有部分土壤补充水湿润，通常用土壤湿润比来表示。

　　土壤湿润比是指在计划湿润土层深度内，所湿润的土体与灌溉区域总土体的比值。在拟订水肥一体化技术灌溉制度的时候，要根据气候条件、作物需水特性、作物根系分布、土壤理化性状及地面坡度等设计土壤湿润比。确定合理的土壤湿润比，可减少工程投资、提高灌溉效益。一般土壤湿润比用地面以下 20～30 厘米处的平均湿润面积与作物种植面积的百分比近似表示。土壤湿润比一般在微灌工程设计时已经确定（表 6-1），并且是灌溉制度拟订的重要参数之一。

表 6-1　微灌土壤湿润比参考值

作物	滴管和小管出流/％	微喷灌/％
果树	25～30	40～60
葡萄、瓜类	30～50	40～70
蔬菜	60～90	70～100
棉花	60～90	—

　　注：降雨多的地区宜选下限值，降雨少的地区宜选上限值。

2. 计划湿润深度

　　不同作物的根系特点不同，有深根性作物，有浅根性作物。同一种作物的根系在不同的生长发育时期，在土壤中的分布深度也不同，灌溉的目的是有利于作物根系对水分的吸收利用，促进作物生长。从节约用水的角度讲，应尽可能使灌溉水分布在作物根系层，减少深层的渗漏损失。因此，制定灌溉制度时应考虑灌水在土壤中的湿润深度，根据作物的根系特点来计划灌溉的湿润深度。根据各地的经验，一般粮食作物和经济作物适宜的土壤湿润深度为 0.2～0.4 米。

3. 灌溉上限

　　田间持水量是指土壤中毛管悬着水达到最大时的土壤含水量，

又称最大持水量。当降雨或灌溉水量超过田间持水量时,只能加深土壤湿润深度,而不能再增加土壤含水量,因此它是土壤中有效含水量的上限值,也是灌溉后计划作物根系分布层的平均土壤含水量。

由于微灌灌溉保证率高、操作方便,灌溉设计上限一般采用田间持水量的85%~95%。生产实践中,需要实地测定田间持水量,也可根据不同的土壤质地从表6-2中选择田间持水量作为计算灌溉上限的参考数值。

表6-2 主要土壤质地的凋萎系数与田间持水量

土壤质地	土壤容重 /(克/厘米³)	凋萎系数/%		田间持水量/%	
		重量	体积	重量	体积
紧砂土	1.45	—	—	16~22	26~32
砂壤土	1.36~1.54	4~6	5~9	22~30	32~42
轻壤土	1.40~1.52	4~9	6~12	22~28	30~36
中壤土	1.40~1.55	6~10	8~15	22~28	30~35
重壤土	1.38~1.54	6~13	9~15	22~28	32~42
轻黏土	1.35~1.44	15	20	28~32	40~45
中黏土	1.30~1.45	12~17	17~24	25~35	35~45
重黏土	1.32~1.40	—	—	30~35	40~50

4. 灌溉下限

土壤中的水分并不是全部能被植物的根系吸收利用,能够被根系吸收利用的土壤含水量才是有效的,称为有效含水量。当土壤中的水由于作物蒸腾和棵间土壤蒸发消耗减少到一定程度时,水的连续状态发生断裂,此时作物虽然还能从土壤中吸收水分,但因补给量不足,不能满足作物生长需求,生长受到阻滞,此时的土壤含水量称为作物生长阻滞含水量,也就是灌溉前计划作物根系分布层的平均土壤含水量,是灌溉下限设计的重要依据。对大多数作物来说，当土壤含水量下降到土壤田间持水量的 55%～65% 时作物生长就会受到阻滞，因此可作为灌溉下限的指标依据。

5. 灌溉水利用系数

灌溉水利用系数是指一定时期内田间所需消耗净水量与渠（管）首进水总量的比值，通常以 η 表示。公式为：

$$\eta = \frac{w_{净}}{w_{供}}$$

式中，η 为灌溉水利用系数；$w_{净}$ 为田间消耗净水量；$w_{供}$ 为渠（管）首进水总量。

灌溉水利用系数是表示灌溉水输送状况的一个指标，它反映全灌区各级渠（管）道输水损失和田间可用水状况。不同质量的渠（管）系统，灌溉水利用系数不同。渠道衬砌后可减少水流的下渗损失，提高输水质量，灌溉水利用系数可以提高 30% 以上；利用管道输水，灌溉水利用系数可以达到 90% 以上。

二、水肥一体化技术灌溉制度的制定

1. 收集资料

首先要收集当地气象资料，包括常年降水量、降水月分布、气温变化、有效积温。其次要收集主要作物种植资料，包括播种期、需水特性、需水关键期及根系发育特点、种植密度、常年产量水平等。最后要收集土壤资料，包括土壤质地、田间持水量等。

2. 确定灌溉定额

灌溉的目的是补充降水量的不足，因此从理论上讲，微灌灌溉定额是作物全生育期的需水量与降水量的差值。表示为：

$$W_{总} = P_w - R_w$$

式中，$W_{总}$ 为灌溉定额，毫米或米^3；P_w 为作物全生育期需水量，毫米或米^3；R_w 为作物全生育期内的常年降水量，毫米或米^3。

确定日光温室的灌溉定额时主要是考虑作物全生育期的需水量，因为 R_w 为零。作物全生育期需水量 P_w 则可以通过作物日耗水强度进行计算，计算公式如下。

$$P_w = （作物日耗水量×生育期天数）/η$$

灌溉定额是总体上的灌水量控制指标。但在实际生产中，降水量不仅在数量上要满足作物生长发育的需求，还需要在时间上与作物需水关键期吻合，才能充分利用自然降水，因此，还需要根据灌水次数和每次灌水量，然后对灌溉定额进行调整。

3. 确定灌水定额

灌水定额是指一次单位面积上的灌水量，通常以米³/亩或毫米表示，由于作物的需水量大于降水量，每次灌水量都是在补充降水的不足。每次灌水量又因作物生长发育阶段的需水特性和土壤现时含水量的不同而不同，因此，每个作物生育阶段的灌水定额都需要计算确定。

灌水定额主要依据土壤存储水的能力确定，一般土壤存储水量能力的顺序为黏土＞壤土＞砂土。以每次灌水达到田间持水量的90%计算，黏土的灌水定额最大，依次是壤土、砂土。灌水定额计算时需要土壤湿润比、计划湿润深度、土壤容重、灌溉上限与灌溉下限的差值和灌溉水利用系数等参数。

灌水定额的计算公式为：

$$W = 0.1phr(\theta_{max} - \theta_{min})/η$$

式中，W 为灌水定额，毫米；p 为土壤湿润比，%，参见表 6-1；h 为计划湿润层深度，米；r 为土壤容重，克/厘米³；θ_{max} 为灌溉上限，以占田间持水量的百分数表示，%，下同；θ_{min} 为灌溉下限，%；$η$ 为灌溉水利用系数，在微灌条件下一般选取 0.9～0.95。

4. 确定灌水时间间隔

微灌条件下每一次灌水定额要比地面大水灌溉量少得多，当上一次的灌水量被作物消耗之后，就需要又一次灌溉了。因此，灌水之间的时间间隔取决于上一次灌水定额和作物耗水强度。当作物确定之后，在不同质地的土壤上要想获得相同的产量，总的耗水量相差不会太大，所以灌溉频率应该是砂土最大、壤土次之、黏土最小，灌水时间间隔是黏土最大、壤土次之、砂土最小。

灌水时间间隔（灌水周期）可采用以下公式计算。

$$T = \frac{W}{E} \times \eta$$

式中，T 为灌水时间间隔，天；W 为灌水定额，毫米；E 为作物需水强度或耗水强度，毫米/天；η 为灌溉水利用系数，在微灌条件下一般选取 0.9～0.95。

不同作物的需水量不同，作物不同生育阶段的需水量也不同，表 6-3 提供了一些作物的耗水强度。在实际生产中，灌水时间间隔可以按作物生育期的需水特性分别计算。灌水时间间隔还受到气候条件的影响。在露地栽培的条件下，受到自然降水的影响，灌水时间间隔的设计主要体现在干旱少雨阶段的微灌管理。在设施栽培的条件下，灌水时间间隔受到气温的影响较大，在遇到低温时，作物耗水强度下降，同样数量的水消耗的时间缩短。因此，实际生产中需要根据气候和土壤含水量来增大或缩小灌水时间间隔。

表 6-3　主要作物的耗水强度

作物	滴灌/(毫米/天)	微喷灌/(毫米/天)
果树	3～5	4～6
葡萄、瓜类	3～6	4～7
蔬菜(保护地)	2～3	—
蔬菜(露地)	4～5	—
棉花	3～4	—

5. 确定一次灌水延续时间

一次灌水延续时间是指完成一次灌水定额所需要的时间，也间接地反映了微灌设备的工作时间。在每次灌水定额确定之后，灌水器的间距、毛管的间距和灌水器的出水量都直接影响灌水延续时间。

计算公式为：

$$t = wS_eS_r/q$$

式中，t 为一次灌水延续时间，小时；w 为灌水定额，毫米；S_e 为灌水器间距，米；S_r 为毛管间距，米；q 为灌水器流量，升/小时。

6. 确定灌水次数

当灌溉定额和灌水定额确定之后，就可以很容易地确定灌水次数了。用公式表示为：

灌水次数＝灌溉定额/灌水定额

采用微灌时，作物全生育期（或全年）的灌水次数比传统地面灌溉的次数多，并且随作物种类和水源条件等的不同而不同。在露地栽培条件下，降水量和降水分布直接影响灌水次数，应根据墒情监测结果确定灌水的时间和次数。在设施栽培中进行微灌技术应用时，可以根据作物生育期分别确定灌水次数，累计得出作物全生育期或全年的灌水次数。

7. 确定灌溉制度

根据上述各项参数的计算，可以最终确定在当地气候、土壤等自然条件下，某种作物的灌水次数、灌水日期、灌水定额及灌溉定额，使作物的灌溉管理用制度化的方法确定下来。由于灌溉制度是以正常年份的降水量为依据的，在实际生产中，灌水次数、灌水日期和灌水定额需要根据当年的降水和作物生长情况进行调整。

三、农田水分管理

作物正常生长要求土壤中水分状况处于适宜范围。土壤过干或者过湿均不利于根系的生长。当土壤变干时，必须及时灌溉来满足作物对水分的需要。但土壤过湿或者积水时，必须及时排走多余的水分。在大部分情况下，调节土壤水分状况主要是进行灌溉。当进行灌溉作业时，需要灌多少水、什么时候开始灌溉、什么时候灌溉结束、土壤需要湿润到什么深度等问题是进行科学合理灌溉的主要问题，都需要通过水分监测来进行。

1. 土壤水分监测

（1）张力计　张力计可用于监测土壤水分状况并指导灌溉，是目前在田间应用较广泛的水分监测设备。张力计测定的是土壤的基质势，并非土壤的含水率，从而了解土壤水分状况。

① 张力计的构造。张力计主要构成如下（图6-1）。一是陶瓷头，上面密布微小孔隙，水分子及离子可以进入。通过陶瓷头上的微孔土壤水与张力计储水管中的水分进行交换。二是储水管，一般由透明的有机玻璃制造。根据张力计在土壤中的埋深，储水管长度从15厘米到100厘米不等。三是压力表，安装于储水管顶部或侧边，刻度通常为0~100厘巴。

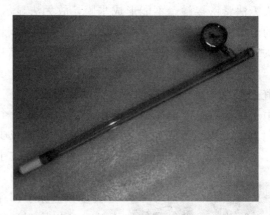

图6-1　张力计

② 张力计的使用方法。第一步，按照说明书连接好各个配件，特别是各连接口的密封圈一定要放正，保证不漏气、不漏水。所有连接口勿旋太紧，以防接口处开裂。第二步，选择土壤质地有代表性且较均匀的地面埋设张力计，用比张力计管径略大的土钻先在选定的点位钻孔，钻孔深度依张力计埋设深度而定。第三步，将张力计储水管内装满水，旋紧盖子，加水时要慢，若出现气泡，必须将气泡驱除。为方便加水，建议用注射针筒或带尖出水口的洗瓶加水。第四步，用现场土壤与水和成稀泥，填塞刚钻好的孔隙，将张

力计垂直插入孔中，上下提张力计数次，直到陶瓷头与稀泥密切接触为止，张力计的陶瓷头必须和土壤密切接触，否则张力计不起作用。第五步，待张力计内水分与土壤水分状况达到平衡后即可读数。张力计一旦埋设，不能再受外力碰触，对于经常观察的张力计，应设置保护装置，以免田间作业时碰坏。

当土壤过干时，会将储水管中的水全部吸干，使管内进入空气。由于储水管是透明的，为防止水被吸干而疏忽观察，加水时可加入少量染料，有色水更容易观察。

张力计对一般土壤而言可以满足水分监测的需要。但对砂土、过黏重的土壤和盐土，张力计不能发挥作用。砂土因孔隙太大，土壤与陶瓷头无法紧密接触，不能形成水膜，故无法显示真实数值；过分黏重的土壤中微细的黏粒会将陶瓷头的微孔堵塞，使水分无法进出陶瓷头；盐碱土因含有较多盐分，渗透势在总水势中占的比重越来越大，用张力计监测的水分含量可能比实际要低。当土壤中渗透势绝对值大于20千帕时，必须考虑渗透势的影响。

（2）中子探测器　中子探测器的原理是中子从一个高能量的中子源发射到土壤中，中子与氢原子碰撞后，动能减少，速度变小，这些速度较小的中子可以被检测器检测。土壤中的大多数氢原子都存在于水分中，所以检测到的中子数量可转化为土壤水分量。转化时，因中子散射到土壤中的体积会随水分含量变化，所以也必须考虑到土壤容积的大小。在相对干燥的土壤里，散射的面积比潮湿的广。测量的土壤球体的半径范围为几厘米到几十厘米（图6-2）。

图6-2　智能型中子水分仪

（3）时域反射仪（TDR）　时域反射仪是基于水分子具有导电性和极性，还具有相对较高的绝缘灵敏度，该绝缘灵敏度可代表电磁能的吸收容量。设备由两根平行金属棒构成，棒长为几十厘米，可插在土壤里。金属棒连有一个微波能脉冲产生器，示波器可记录电压的振幅，并传递在土壤介质中不同深度的两根棒之间的能量瞬时变化。由于土壤介电常数的变化取决于土壤含水量，由输出电压和水分的关系则可计算出土壤含水量（图 6-3）。

图 6-3　时域反射仪（TDR）

时域反射法的优点是精确度高，测量快速，操作简单，可在线连续监测，不破坏土壤结构。缺点是土壤质地、容重以及温度的影响显著，使用前需要进行标定；受土壤空隙影响明显；土壤湿度过大时，测量结果偏差较大；稳定性稍差；电路复杂，价格昂贵。

（4）频域反射法（FDR）　自 1998 年以来，频域反射法（FDR）已逐步成为自动测量土壤水分最主要的方法。频域反射法利用电磁脉冲原理，根据电磁波在介质中传播的频率来测量土壤的表观介电常数，从而得到土壤体积含水量。

频域反射法无论在成本上还是在技术的实现难度上都较 TDR 低，在电极的几何开关设计和工作频率的选取上有更大的自由度，而且能够测量土壤颗粒中束缚水的含量。大多数 FDR 在低频（≤100兆赫兹）下工作，能够测定被土壤细颗粒束缚的水，这些水不能被工作频率超过 250 兆赫兹的 TDR 有效测定。FDR 无需严格的校准，操作简单，不受土壤容重、温度的影响，探头可与传统的数据采集器相连，从而实现自动连续监测（图 6-4）。

图 6-4 频域反射土壤水分站

（5）驻波率（SWR） 驻波原理与 TDR 和 FDR 两种土壤水分测量方法一样，同属于介电测量。该方法是 Gaskin 等针对 TDR 方法和 FDR 方法的缺陷，于 1995 年提出的土壤水分测量方法。SWR 型土壤水分传感器测量的是土壤的体积含水量，理论上 SWR 型土壤水分传感器的静态数学模型是一个三次多项式。对传感器进行标定时，将传感器在标准土样中进行测试，测量其输出电压，可得到一组测量数据，再通过回归分析确定出回归系数，即可得到传感器的特性方程。在实际应用中，只要测量不同土壤中的输出电压，根据特性方程便可换算出土壤的实际含水量。

（6）土壤湿润前峰探测仪 土壤湿润前峰探测仪是由南非的阿

革里普拉思有限公司生产，该产品原理及外观如图 6-5 所示。它由一个塑料漏斗、一片不锈钢网（作过滤用）、一根泡沫浮标组成，安装好后将漏斗埋入根区。灌溉时，水分在土壤中移动，当湿润峰达到漏斗边缘时，一部分水分随漏斗壁流动进入漏斗下部，充分进水后，此处土壤处于水分饱和状态，自由水分将通过漏斗下部的过滤器进入底部的一个小蓄水管，蓄水管中的水达到一定深度后，产生浮力将浮标顶起。浮标长度为地面至漏斗基部的距离。用户通过地面露出部分浮标的升降即可了解湿润峰到达的位置，从而做出停止灌溉的决定。当露出地面的浮标慢慢下降时，表明土壤中水分减少，或湿润峰前移，下降到一定程度即可再灌水。

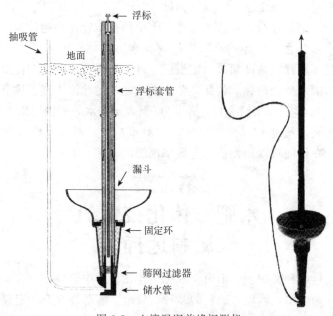

图 6-5　土壤湿润前峰探测仪

2. 植物水分检测

灌溉的最终目的是为了满足作物的水分需求。通常可以从作物形态指标上来观察，如作物生长速率减缓、幼嫩枝叶的凋萎等。形态指标虽然易于观察，但是当作物在形态上表现出受干旱或者缺水症状时，其体内的生理、生化过程早已受到水分亏缺的危害，这些形态症状只不过是生理、生化过程改变的结果。因此，应用灌溉的生理指标更为及时和灵敏。但生理指标需要用到精密仪器，在生产上的应用存在局限性。

（1）叶水势　叶水势是一个灵敏反映作物水分状况的指标。当作物缺水时，叶水势下降。对不同作物，发生干旱危害的叶水势临界值不同。玉米当叶水势达到—0.80兆帕，光合作用开始下降，当叶水势达到—1.2兆帕，光合作用完全停止。但叶水势在一天之内变化很大，不同叶片、不同取样实践测定的水势值是有差异的。一般取样时间在上午9～10时为好。

（2）细胞汁液浓度或渗透势　干旱情况下叶片细胞汁液浓度常比正常水分含量的作物高，当作物缺水时，叶片细胞汁液浓度增高，当细胞汁液浓度超过一定值后，就会阻碍植株生长，汁液浓度可作为灌溉生理指标。例如，冬小麦功能叶的汁液浓度，拔节到抽穗期以6.5%～8.0%为宜，9.0%以上表示缺水，抽穗后以10%～11%为宜，超过12.5%～13%时应灌水。测定时需要将叶片捣碎榨汁，在田间可以用便携式电导率仪测定。

第二节
水肥一体化技术的肥料选择

肥料的种类很多，但由于水肥一体化技术中肥料必须与灌溉水结合才能使用，因此对肥料的品种、质量、溶解性都有一定要求。

一、水肥一体化技术下的肥料品种与选择

1. 适用肥料选择原则

一般根据肥料的质量、价格、溶解性等来选择，要求肥料具备以下条件。

（1）溶解性好　在常温条件下能够完全溶解于灌溉水中，溶解后要求溶液中养分浓度较高，而且不会产生沉淀阻塞过滤器和滴头（不溶物含量低于5％，调理剂含量最小）。

① 常见肥料的溶解性。良好的溶解性是保证该水肥一体化技术运行的基础。所有的液体肥料和常温下能够完全溶解的固体肥料都可以使用。不溶或部分溶解的固体肥料最好不用于水肥一体化技术中，以免堵塞灌溉系统而造成严重损失。表6-4为常用肥料的溶解性，选择肥料时进行参考。

表 6-4　化肥在不同温度下的溶解度　　单位：克

化合物	分子式	0℃	10℃	20℃	30℃
尿素	$CO(NH_2)_2$	680	850	1060	1330
硝酸铵	NH_4NO_3	1183	1580	1950	2420
硫酸铵	$(NH_4)_2SO_4$	706	730	750	780
硝酸钙	$Ca(NO_3)_2$	1020	1240	1294	1620
硝酸钾	KNO_3	130	210	320	460
硫酸钾	K_2SO_4	70	90	110	130
氯化钾	KCl	280	310	340	370
磷酸氢二钾	K_2HPO_4	1328	1488	1600	1790
磷酸二氢钾	KH_2PO_4	142	178	225	274
磷酸二铵	$(NH_4)_2HPO_4$	429	628	692	748
磷酸一铵	$NH_4H_2PO_4$	227	295	374	464
氯化镁	$MgCl_2$	528	540	546	568

② 肥料的溶解反应。多数肥料溶解时会伴随热反应，如磷酸溶解时会放出热量，使水温升高；尿素溶解时会吸收热量，使水温降低。了解这些反应对于配置营养母液有一定的指导意义，如气温较低时为防止盐析作用，应合理安排各种肥料的溶解顺序，尽量利用它们之间的热量来溶解肥料。不同化肥在不同温度下的每升水溶

解度见表6-4。

（2）兼容性强　能与其他肥料混合施用，基本不产生沉淀，保证两种或两种以上养分能够同时施用，减少施肥时间，提高效率。

① 溶液中最不易溶解的盐的溶解度限制混合液的溶解度，如将硫酸铵与氯化钾混合后，硫酸钾的溶解度决定了混合液的溶解度，因为生成的硫酸钾的溶解度是该混合液中最小的。

② 肥料间发生化学反应生成沉淀，阻塞滴头和过滤器，降低养分有效性。如硝酸钙与任何形式的硫酸盐形成硫酸钙沉淀，硝酸钙与任何形式的磷酸盐形成磷酸钙沉淀，镁与磷酸一铵或磷酸二铵形成磷酸镁沉淀，硫酸铵与氯化钾或硝酸钾形成硫酸钾沉淀，磷酸盐与铁形成磷酸铁沉淀等。

③ 生产中，为避免肥料混合后相互作用产生沉淀，应采用两个以上的储肥罐，在一个储存罐中储存钙、镁和微量营养元素，在另一个储存罐中储存磷酸盐和硫酸盐，确保安全有效地灌溉施肥。

各种肥料的可混性如图6-6所示。

1	硫酸铵											
2	硝酸铵	△										
3	碳酸氢铵	×	△									
4	尿素	□	△	×								
5	氯化铵	□	□	×	□							
6	过磷酸钙	□	□	□	□	□						
7	钙镁磷肥	△	△	×	△	×	×					
8	磷矿粉	△	△	×	□	△	△	△				
9	硫酸钾	□	□	□	□	□	□	□	□			
10	氯化钾	□	□	□	□	□	□	□	□	□		
11	磷铵	□	□	□	□	□	□	×	×	□	□	
12	硝酸磷肥	△	△	×	△	△	×	△	△	□	□	△
		1	2	3	4	5	6	7	8	9	10	11	12
		硫酸铵	硝酸铵	碳酸氢铵	尿素	氯化铵	过磷酸钙	钙镁磷肥	磷矿粉	硫酸钾	氯化钾	磷铵	硝酸磷肥

图6-6　各种肥料的可混性

△ 可以暂时混合但不宜久置；□ 可以混合；× 不可混合

（3）作用力弱 与灌溉水的相互作用很小，不会引起灌溉水的 pH 剧烈变化，也不会与灌溉水产生不利的化学反应。

① 与硬质和碱性灌溉水生成沉淀化合物。灌溉水中通常含有各种离子和杂质，如钙镁离子、硫酸根离子、碳酸根和碳酸氢根离子等。这些灌溉水固有的离子达到一定浓度时，会与肥料中有关离子反应，产生沉淀。这些沉淀易堵塞滴头和过滤器，降低养分的有效性。如果在微灌系统中定期注入酸溶液（如硫酸、磷酸、盐酸等），可溶解沉淀，以防滴头堵塞。

② 高电导率可以使作物受到伤害或中毒。含盐灌溉水的电导率较高，再加入化肥，使灌溉水的电导率较高，一些敏感作物和特殊作物可能会受到伤害。生产中应检验作物对盐害的敏感性，选用盐分指数低的肥料或进行淋溶洗盐。

（4）腐蚀性小 对灌溉系统和有关部件的腐蚀性要小，以延长灌溉设备和施肥设备的使用寿命。

2. 水肥一体化技术的常用肥料

水肥一体化技术对设备、肥料以及管理方式有着较高的要求。由于滴灌灌水器的流道细小或狭长，所以一般只能用水溶性固态肥料或液态肥，以防流道堵塞。而喷灌喷头的流道较大，且喷灌的喷水犹如降雨一样，可以喷洒叶面肥，因此，喷灌施肥对肥料的要求相对低一点。

（1）氮肥 常用于水肥一体化技术的氮肥见表 6-5。其中，尿素是最常用的氮肥，纯净，极易溶于水，在水中完全溶解，没有任何残余。尿素进入土壤后 3～5 天，经水解、氨化和硝化作用，转变为硝酸盐，供作物吸收利用。

表 6-5 用于水肥一体化技术的含氮肥料

肥料	养分含量 (N-P_2O_5-K_2O)	分子式	pH 值 (1 克/升,20℃)
尿素	46-0-0	$CO(NH_2)_2$	5.8

续表

肥料	养分含量 （N-P$_2$O$_5$-K$_2$O）	分子式	pH 值 （1 克/升,20℃）
硫酸铵	21-0-0	(NH$_4$)$_2$SO$_4$	5.5
硝酸铵	34-0-0	NH$_4$NO$_3$	5.7
磷酸一铵	12-61-0	NH$_4$H$_2$PO$_4$	4.9
磷酸二铵	21-53-0	(NH$_4$)$_2$HPO$_4$	8.0
硝酸钾	13-0-46	KNO$_3$	7.0
硝酸钙	15-0-0	Ca(NO$_3$)$_2$	5.8
硝酸镁	11-0-0	Mg(NO$_3$)$_2$	5.4

（2）磷肥　常用于水肥一体化技术的磷肥见表 6-6。其中，磷酸非常适合用于水肥一体化技术中，通过滴注器或微型灌溉系统灌溉施肥时，建议使用酸性磷酸。

表 6-6　用于水肥一体化技术的含磷肥料

肥料	养分含量 （N-P$_2$O$_5$-K$_2$O）	分子式	pH 值 （1 克/升,20℃）
磷酸	0-52-0	H$_3$PO$_4$	2.6
磷酸二氢钾	0-52-34	KH$_2$PO$_4$	5.5
磷酸一铵	12-61-0	NH$_4$H$_2$PO$_4$	4.9
磷酸二铵	21-53-0	(NH$_4$)$_2$HPO$_4$	8.0

（3）钾肥　常用于水肥一体化技术的钾肥见表 6-7。其中，氯化钾、硫酸钾、硝酸钾最为常用。

表 6-7　用于水肥一体化技术的含钾肥料

肥料	养分含量 （N-P$_2$O$_5$-K$_2$O）	分子式	pH 值 （1 克/升,20℃）	其他成分
氯化钾	0-0-60	KCl	7.0	46%Cl

续表

肥料	养分含量 ($N-P_2O_5-K_2O$)	分子式	pH 值 (1 克/升,20℃)	其他成分
硫酸钾	0-0-50	K_2SO_4	3.7	18%S
硝酸钾	13-0-46	KNO_3	7.0	
磷酸二氢钾	0-52-34	KH_2PO_4	5.5	
硫代硫酸钾	0-0-25	$K_2S_2O_3$		17%S

氯化钾是最廉价的钾源，建议使用白色氯化钾，其溶解度高，溶解速度快。不建议使用红色氯化钾，其红色不溶物（氧化铁）会堵塞出水口。

硫酸钾常用在对氯敏感的作物上。但肥料中的硫酸根限制了其在硬水中的使用，因为在硬水中易生成硫酸钙沉淀。

硝酸钾是非常适合水肥一体化技术的二元肥料，但在作物生长末期，当作物对钾需求增加时，硝酸根不但没有利用价值，反而会对作物起反作用。

（4）中微量元素　中微量元素肥料中，绝大部分溶解性好、杂质少。常用的钙肥有硝酸钙、硝酸铵钙。镁肥中常用的有硫酸镁，硝酸镁价格高很少使用，硫酸钾镁肥的施用也越来越普及。

水肥一体化技术中常用的微肥是铁、锰、铜、锌的无机盐或螯合物。无机盐一般为铁、锰、铜、锌的硫酸盐，其中硫酸亚铁容易产生沉淀，此外还易与磷酸盐反应产生沉淀堵塞滴头。螯合物金属离子与稳定的、具有保护作用的有机分子相结合，避免产生沉淀、发生水解，但价格较高。常用于水肥一体化技术的中微量元素肥料见表 6-8。

表 6-8　用于水肥一体化技术的中微量元素肥料

肥料	养分	含量/%	分子式	溶解度(20℃)/ (1 克/100 毫升)
硝酸钙	Ca	19	$Ca(NO_3)_2 \cdot 4H_2O$	100

续表

肥料	养分	含量/%	分子式	溶解度(20℃)/(1克/100毫升)
硝酸铵钙	Ca	19	$5Ca(NO_3)_2 \cdot NH_4NO_3 \cdot 10H_2O$	易溶
氯化钙	Ca	27	$CaCl_2 \cdot 2H_2O$	75
硫酸镁	Mg	9.6	$MgSO_4 \cdot 7H_2O$	26
氯化镁	Mg	25.6	$MgCl_2$	74
硝酸镁	Mg	9.4	$Mg(NO_3)_2 \cdot 6H_2O$	42
硫酸钾镁	Mg	5～7	$MgSO_4 \cdot K_2SO_4$	易溶
硼酸	B	17.5	H_3BO_3	6.4
硼砂	B	11.0	$Na_2B_4O_7 \cdot 10H_2O$	2.1
水溶性硼	B	20.5	$Na_2B_8O_{13} \cdot 4H_2O$	易溶
硫酸铜	Cu	25.5	$CuSO_4 \cdot 5H_2O$	35.8
硫酸锰	Mn	30.0	$MnSO_4 \cdot H_2O$	63
硫酸锌	Zn	21.0	$ZnSO_4 \cdot 7H_2O$	54
钼酸	Mo	59	$MoO_3 \cdot H_2O$	0.2
钼酸铵	Mo	54	$(NH_4)_6Mo_7O_{24} \cdot 4H_2O$	150
螯合锌	Zn	5～14	DTPA 或 EDTA	易溶
螯合铁	Fe	4～14	DTPA、EDTA 或 EDDHA	易溶
螯合锰	Mn	5～12	DTPA 或 EDTA	易溶
螯合铜	Cu	5～14	DTPA 或 EDTA	易溶

（5）有机肥料　有机肥用于水肥一体化技术，主要解决两个问题：一是有机肥必须液体化；二是要经过多级过滤。一般易沤腐、残渣少的有机肥都适合于水肥一体化技术；含纤维素、木质素多的有机肥不宜用于水肥一体化技术，如秸秆类。有些有机物料本身就是液体的，如酒精厂、味精厂的废液。但有些有机肥沤后含残渣太多不宜作滴灌肥料（如花生麸）。沤腐液体有机肥应用于滴灌更加方便。只要肥液不存在导致微灌系统堵塞的颗粒，均可直接使用。

（6）水溶性复混肥　水溶性肥料是近几年兴起的一种新型肥料，是指经水溶解或稀释，用于灌溉施肥、无土栽培、浸种蘸根等用途的液体肥料或固体肥料。在实际生产中，水溶性肥料主要是水溶性复混肥，不包括尿素、氯化钾等单质水溶肥料，目前必须经过国家化肥质量监督检验中心进行登记。根据其组分不同，可以分为大量元素水溶肥料、微量元素水溶肥料、中量元素水溶肥料、含氨基酸水溶肥料、含腐殖酸水溶肥料。在这5类肥料中，大量水溶肥料既能满足作物多种养分需求又适合水肥一体化技术，是未来发展的主要类型。各类肥料的养分指标如表 6-9～表 6-16 所示。

表 6-9　**大量元素水溶肥料指标**（中量元素型，NY 1107—2010）

项目		固体指标	液体指标
大量元素含量	≥	50.0%	500 克/升
中量元素含量	≥	1.0%	10 克/升
水不溶物含量	≤	5.0%	50 克/升
pH 值(1：250 倍稀释)		3.0～9.0	
水分(H_2O)	≤	3.0%	

注：大量元素含量指 N、P_2O_5、K_2O 含量之和。产品应至少包含两种大量元素。单一大量元素含量不低于 4.0%（40 克/升）。中量元素含量指钙、镁元素含量之和。产品应至少包含一种中量元素。单一中量元素含量不低于 0.1%（1 克/升）。

表 6-10　**大量元素水溶肥料指标**（微量元素型，NY 1107—2010）

项目		固体指标	液体指标
大量元素含量	≥	50.0%	500 克/升
微量元素含量	≥	0.2%～3.0%	2～30 克/升
水不溶物含量	≤	5.0%	50 克/升
pH 值(1：250 倍稀释)		3.0～9.0	
水分(H_2O)	≤	3.0%	—

注：大量元素含量指 N、P_2O_5、K_2O 含量之和。产品应至少包含两种大量元素。单一大量元素含量不低于 4.0%（40 克/升）。微量元素含量指铜、铁、锰、锌、硼、钼元素含量之和。产品应至少包含一种微量元素。含量不低于 0.05%（0.5 克/升）的单一微量元素均应计入微量元素含量中。钼元素含量不高于 0.5%（5 克/升）（单质含钼微量元素产品除外）。

表 6-11 中量元素水溶肥料指标（NY 2266—2012）

项目		固体指标	液体指标
中量元素含量	≥	10.0%	100 克/升
水不溶物含量	≤	5.0%	50 克/升
pH 值（1∶250 倍稀释）		3.0～9.0	
水分（H_2O）	≤	3.0%	—

注：中量元素含量指钙含量或镁含量或钙镁含量之和。含量不低于 1.0%（10 克/升）的钙或镁元素均应计入中量元素含量中。硫元素含量不计入中量元素中，仅在标识中标注。

表 6-12 微量元素水溶肥料指标（NY 1428—2010）

项目		固体指标	液体指标
微量元素含量	≥	10.0%	100 克/升
水不溶物含量	≤	5.0%	50 克/升
pH 值（1∶250 倍稀释）		3.0～10.0	
水分（H_2O）	≤	6.0%	—

注：微量元素含量指铜、铁、锰、锌、硼、钼元素含量之和。产品应至少包含一种微量元素。含量不低于 0.05%（0.5 克/升）的单一微量元素均应计入微量元素含量中。钼元素含量不高于 1.0%（10 克/升）（单质含钼微量元素产品除外）。

表 6-13 含氨基酸水溶肥料指标（微量元素型，NY 1429—2010）

项目		固体指标	液体指标
游离氨基酸含量	≥	10.0%	100 克/升
微量元素含量	≥	2.0%	20 克/升
水不溶物含量	≤	5.0%	50 克/升
pH 值（1∶250 倍稀释）		3.0～9.0	
水分（H_2O）	≤	4.0%	—
汞（Hg）（以元素计）	≤	5 毫克/千克	

项目		固体指标	液体指标
砷(As)(以元素计)	≤	10 毫克/千克	
镉(Cd)(以元素计)	≤	10 毫克/千克	
铅(Pb)(以元素计)	≤	50 毫克/千克	
铬(Cr)(以元素计)	≤	50 毫克/千克	

注：微量元素含量指铜、铁、锰、锌、硼、钼元素含量之和。产品应至少包含一种微量元素。含量不低于 0.05%（0.5 克/升）的单一微量元素均应计入微量元素含量中。钼元素含量不高于 0.5%（5 克/升）。

表 6-14　含氨基酸水溶肥料指标（中量元素型，NY 1429—2010）

项目		固体指标	液体指标
游离氨基酸含量	≥	10.0%	100 克/升
中量元素含量	≥	3.0%	30 克/升
水不溶物含量	≤	5.0%	50 克/升
pH 值(1∶250 倍稀释)		3.0～9.0	
水分(H$_2$O)	≤	4.0%	—
汞(Hg)(以元素计)	≤	5 毫克/千克	
砷(As)(以元素计)	≤	10 毫克/千克	
镉(Cd)(以元素计)	≤	10 毫克/千克	
铅(Pb)(以元素计)	≤	50 毫克/千克	
铬(Cr)(以元素计)	≤	50 毫克/千克	

注：中量元素含量指钙、镁元素含量之和。产品应至少包含一种中量元素。含量不低于 0.1%（1 克/升）的单一中量元素均应计入中量元素含量中。

表 6-15　含腐殖酸水溶肥料指标（大量元素型，NY 1106—2010）

项目		固体指标	液体指标
游离腐殖酸含量	≥	3.0%	30 克/升

续表

项目		固体指标	液体指标
大量元素含量	≥	20.0%	200 克/升
水不溶物含量	≤	5.0%	50 克/升
pH 值(1∶250 倍稀释)		3.0～10.0	
水分(H₂O)	≤	5.0%	—
汞(Hg)(以元素计)	≤	5 毫克/千克	
砷(As)(以元素计)	≤	10 毫克/千克	
镉(Cd)(以元素计)	≤	10 毫克/千克	
铅(Pb)(以元素计)	≤	50 毫克/千克	
铬(Cr)(以元素计)	≤	50 毫克/千克	

注：大量元素含量指总 N、P_2O_5、K_2O 含量之和。产品应至少包含两种大量元素。单一大量元素含量不低于 2.0%（20 克/升）。

表 6-16　含腐殖酸水溶肥料指标（微量元素型，NY 1106—2010）

项目		指标
游离腐殖酸含量	≥	3.0%
大量元素含量	≥	6.0%
水不溶物含量	≤	5.0%
pH 值(1∶250 倍稀释)		3.0～9.0
水分(H₂O)	≤	5.0%
汞(Hg)(以元素计)	≤	5 毫克/千克
砷(As)(以元素计)	≤	10 毫克/千克
镉(Cd)(以元素计)	≤	10 毫克/千克
铅(Pb)(以元素计)	≤	50 毫克/千克
铬(Cr)(以元素计)	≤	50 毫克/千克

注：微量元素含量指铜、铁、锰、锌、硼、钼元素含量之和。产品应至少包含一种微量元素。含量不低于 0.05% 的单一微量元素均应计入微量元素含量中。钼元素含量不高于 0.5%。

除上述有标准要求的水溶肥料外，还有一些新型水溶肥料，如糖醇螯合水溶肥料、含海藻酸型水溶肥料、木醋液（或竹醋液）水溶肥料、稀土型水溶肥料、有益元素类水溶肥料等也可用于水肥一体化技术中。

含氮磷钾养分大于50%及微量元素大于2%的固体水溶复混肥是目前市场上供应较多的品种，配方多，品牌多。常见配方有高氮型（30-10-10＋TE）、高磷型（9-45-15＋TE、20-30-10＋TE、10-30-20＋TE、7-48-17＋2Mg＋TE、11-40-11＋2Mg＋TE等）、高钾型（15-10-30＋TE、8-16-40＋TE、12-5-37＋2Mg＋TE、6-22-31＋2Mg＋TE、14-9-27＋2Mg＋TE、12-12-32＋2Mg＋TE等）、平衡型（19-19-19＋TE、20-20-20＋TE、18-18-18＋TE等）。

（7）液体肥料　又称流体肥料，大致可分为液体氮肥和液体复混肥料两大类。液体复混肥料又可分为清液肥料和悬浮肥料。清液肥料是指把作物生长所需要的养分全部溶解在水中，形成澄清无沉淀的液体；悬浮肥料中的养分没有全部溶解，而是通过添加助剂使作物所需的养分悬浮在液体中。液体肥料是自动化施肥的首选肥料，在以色列，大田作物所用肥料几乎全为液体肥料，在美国液体肥料也得到广泛应用（表6-17、表6-18）。

表6-17　以色列部分商品液体肥料

组成式 N-P$_2$O$_5$-K$_2$O	N/%			养分来源			电导率/ 毫西	pH值
	NO$_3^-$	NH$_4^+$	尿素	N	P$_2$O$_5$	K$_2$O		
4-2-8	3.0	1.0	—	KNO$_3$,APP,AN	APP	KNO$_3$	0.30	5.7
6-3-6	2.4	3.6	—	KNO$_3$,AN	H$_3$PO$_4$	KNO$_3$	0.36	5.3
6-4-10	3.0	3.0	—	AN	H$_3$PO$_4$	KCl	1.05	3.3
12-3-6	2.9	2.9	6.1	AN,尿素	H$_3$PO$_4$	KCl	0.72	3.4
9-0-6	4.5	4.5	—	AN	—	K$_2$SO$_4$		

注：APP为聚磷酸铵，AN为硝酸铵。

表 6-18　美国加利福尼亚地区常用的液体肥料

肥料	N-P$_2$O$_5$-K$_2$O	肥料	N-P$_2$O$_5$-K$_2$O
液氨	82-0-0	磷酸	0-53.4-0
氨水	20-0-0	聚磷酸铵液体	10-34-0
硝酸铵溶液	20-0-0	聚磷酸铵液体	9-30-0
聚硫化铵	20-0-0	聚磷酸铵液体	11-37-0
硫代硫酸铵	12-0-0	聚磷酸铵液体	10-34-0
硝酸铵钙	17-0-0	焦磷酸	0-71.5-0
氮溶液(<28%N)	17-0-0	磷酸二铵溶液	8-24-0
氮溶液(28%N)	28-0-0	磷酸尿素	17-44-0
氮溶液(30%N)	30-0-0	硫酸尿素	10-0-0
氮溶液(32%N)	32-0-0	硫酸尿素	28-0-0
尿素溶液	20-0-0	聚硫化钙	0-0-0

二、配制氮磷钾储备液

1. 常用配方

虽然已有大量的商品水溶肥料供应，但是按照一定的配方用单质肥料自行配制营养液通常更为便宜。特别是在一些规模较大的农场或集约化种植的地方，由于土壤和作物的差异，自行配制营养液更有实际意义。养分组成由具体作物而定，养分的比例也可根据作物的不同生育期进行调整。配制一系列高浓度的营养液，施用时再按比例稀释是十分方便的，这些高浓度的营养液通常称为储备液或母液。"量体裁衣式"配制的营养液具有很高的灵活性，能更好地满足作物的需要。表 6-19～表 6-21 列出了常用肥料配制的营养母液。

表 6-19 常用氮磷钾储备液配方表

类别	N：P₂O₅：K₂O	N-P₂O₅-K₂O	肥料添加顺序	相对密度	pH 值	电导率/毫西
K	0：0：1	0-0-7.9	KCl	1.06	6.7	0.22
NK	1：0：1	4.9-0-4.9	尿素/KCl	1.07	6.2	0.16
	1：0：3	2.7-0-8.1	尿素/KCl	1.09	5.1	0.24
	2：0：1	6.1-0-3.1	尿素/KCl	1.05	4.8	0.09
PK	0：1：1	0-6.3-6.3	H₃PO₃/KCl	1.09	2.7	0.45
	0：1：2"	0-3.7-7.4	H₃PO₃/KCl	1.11	3.3	0.35
	0：2：1	0-7.4-3.7	H₃PO₃/KCl	1.09	2.7	0.41
NPK	1：1：1	3.6-3.6-3.6	H₃PO₃/尿素/KCl	1.08	3.3	0.30
	1：1：3	2.7-2.7-8.1	H₃PO₃/尿素/KCl	1.11	3.6	0.36
	1：2：4	2.5-5.1-10.1	H₃PO₃/尿素/KCl	1.14	4.3	0.49
	3：1：3	5.1-1.7-5.1	H₃PO₃/尿素/KCl	1.08	3.7	0.22

表 6-20 自行配制氮磷钾储备液表

类别	N：P₂O₅：K₂O	养分组成/%			添加的质量/(千克/100升容器)				
		N	P₂O₅	K₂O	Urea	AS	PA	MKP	KCl
NPK	1：1：1	3.3	3.3	3.3	7.2	—	5.3	—	5.4
	1：1：1	4.4	4.6	4.9	9.6	—	—	8.8	3.0
	1：2：4	2.2	4.8	8.9	4.8	—	7.7	—	14.6
	3：1：1	6.9	2.3	4.3	15.0	—	3.7	—	7.0
	3：1：3	6.4	2.1	6.4	13.9	—	4.0	—	8.2
	1：2：1	2.5	5.0	2.5	5.4	—	8.1	—	4.1
NK	1：0：1	4.6	0	4.6	10.0	—	—	—	7.5
	1：0：2	1.9	0	3.9	—	9.0	—	—	6.4
	2：0：1	5.8	0	2.9	12.6	—	—	—	4.8

续表

类别	N：P₂O₅：K₂O	养分组成（%）			添加的质量/（千克/100升容器）				
		N	P₂O₅	K₂O	Urea	AS	PA	MKP	KCl
PK	0：1：1	0	5.8	5.8	—	—	**9.4**	—	<u>9.5</u>
	0：1：2	0	3.9	8.0	—	—	—	**7.5**	<u>8.9</u>
K	0：0：1	0	0	7.5					**12.3**

注：1. Urea 为尿素；AS 为硫酸铵；PA 为磷酸；MKP 为磷酸二氢钾。

2. 添加的质量数值用粗黑体、下划线分别表示加入的先后顺序，即粗黑体先加，然后下划线，最后是正常字体。

表 6-21　利用硫酸尿素与其他肥料配制的液体肥料

养分（质量分数）/% N-P₂O₅-K₂O-S	成分	含量（质量分数）/%	加入顺序
3-6-6-5.2	水	50.7	1
	硫酸尿素	20.0	2
	硫酸钾	11.6	3
	聚磷酸铵（10-34-0）	17.7	4
4-0-10-4.3	水	56.9	1
	硫酸尿素	26.7	2
	氯化钾	16.5	3
4-4-10-4.3	水	49.9	1
	磷酸	7.7	2
	硫酸尿素	26.7	3
	氯化钾	16.4	4
8-4-4-8.5	水	35.0	1
	硫酸尿素	45.5	2
	硫酸钾	7.7	3
	聚磷酸铵（10-34-0）	11.8	4

养分(质量分数)/% N-P_2O_5-K_2O-S	成分	含量 (质量分数)/%	加入顺序
	水	43.5	1
	氯化钾	16.4	2
10-2-10-3.3	尿素	13.8	3
	聚磷酸铵(10-34-0)	5.9	4
	硫酸尿素	20.4	5
11.6-11.6-0-12.4	硫酸尿素	77.6	无先后顺序
	磷酸	22.4	

注：硫酸尿素含氮 15%；磷酸含 P_2O_5 52%。

2. 养分含量的换算

肥料有效养分的标识，通常以其氧化物含量的百分数表示，氮以纯氮（N%）表示，磷以五氧化二磷（P_2O_5%）表示，钾以氧化钾（K_2O%）表示。但有些情况下以元素单质表示计算更方便（如配制营养母液）。

（1）元素与氧化物之间的换算关系　氮肥的养分含量不需要换算。磷肥换算因子：由 P_2O_5 换算成 P 的换算因子为 0.437，由 P 换算成 P_2O_5 的换算因子为 2.291。钾肥的换算因子：由 K_2O 换算成 K 的换算因子为 0.83，由 K 换算成 K_2O 的换算因子为 1.205。

（2）换算实例

① 计算一定体积液体肥料中营养元素的数量。某一营养元素的质量分数乘以液体容重（单位体积肥料的质量）。如密度为 1.15 千克/升的 1 升含量为 2-0-10 的液体肥料，养分计算如下。

含氮量：1 升×2%×1.15 千克/升＝23（克）N

含钾量：1 升×10%×1.15 千克/升＝115（克）K_2O→95.5 克 K

如施用 150 千克 K 需要：150÷95.5×1000＝1570（升），即

需要上述母液 1570 升。

　　② 配制一定养分浓度的营养储备液。用两个例子来说明。

　　【例 1】　如要配制 100 千克氮、磷、钾比例为 6.4∶2.1∶6.4 的营养储备液，具体操作过程如下。

　　第一步，计算 N、P_2O_5、K_2O 含量。100 千克上述养分含量的储备液含 6.4 千克 N、2.1 千克 P_2O_5、6.4 千克 K_2O。

　　第二步，计算具体肥料用量。

　　2.1 千克 P_2O_5 需 KH_2PO_4 的量：2.1 千克 ÷ 52% = 4.04（千克）。

　　4.04 千克 KH_2PO_4 含 K_2O 量：4.04 千克 × 34% = 1.37（千克）。

　　余下的 K_2O（6.4 − 1.37 = 5.03 千克）由 KCl 提供，5.03 千克 K_2O 需 KCl 量：5.03 千克 ÷ 61% = 8.24（千克）。

　　6.4 千克 N 需要尿素量：6.4 千克 ÷ 46% = 13.9（千克）。

　　因此，配制上述比例的母液 100 千克需要尿素 13.9 千克、KH_2PO_4 4.04 千克、KCl 8.24 千克。

　　第三步，配制过程。在容器中加入 74 升水，加入 4.04 千克磷酸二氢钾、13.9 千克尿素，再加入 8.24 千克氯化钾，搅拌完全溶解后即可。

　　【例 2】　需要配制如下浓度的肥料混合液：N 200 毫克/千克、P_2O_5 80 毫克/千克、K_2O 125 毫克/千克，N∶P_2O_5∶K_2O 比例为 2.5∶1∶1.6，可用肥料有磷酸一铵、尿素、氯化钾。操作步骤如下。

　　第一步，磷的计算。磷酸一铵含 P_2O_5 量为 61%，要配制 80 毫克/千克的 P_2O_5，则需要肥料实物量：80 毫克/千克 ÷ 61% = 131（毫克/千克）磷酸一铵。

　　第二步，氮的计算。磷酸一铵的含 N 量为 12%，提供 80 毫克/千克的 P_2O_5 需要 131 毫克/千克磷酸一铵肥料，此时可以供 N 量：131 毫克/千克 × 12% = 15.7（毫克/千克）。

　　其余的 N（200 − 15.7 = 184.3 毫克/千克）由尿素（N 46%）提供，尿素用量：184.3 毫克/千克 ÷ 46% = 400（毫克/千克）。

第三步，钾的计算。钾的需要量为 125 毫克/千克 K_2O，氯化钾中含 K_2O 量为 61%，因此配制 125 毫克/千克 K_2O 需要氯化钾量：$125 \div 61\% = 205$（毫克/千克）。

第四步，配制过程。在 1 立方米水中加入 400 克尿素、131 克磷酸一铵、205 克氯化钾即可配成含 N200 毫克/千克、P_2O_5 80 毫克/千克、K_2O 125 毫克/千克的溶液。

第三节
水肥一体化技术的施肥制度

水肥一体化技术施肥制度包括确定作物全生育期的总施肥量、每次施肥量及养分配比、施肥时期、肥料品种等。决定施肥制度的因素主要包括土壤养分含量、作物的需肥特性、作物目标产量、肥料利用率、施肥方式等。灌溉施肥制度拟订中主要是采用目标产量法，即根据获得目标产量需要消耗的养分和各生育阶段养分吸收量来确定养分供应量。由于影响施肥制度的因素本身就很复杂，特别是肥料利用率很难获得准确的数据，因此，应尽可能地收集多年多点微灌施肥条件下肥料利用率的数据，以提高施肥制度拟订的科学性。

一、土壤养分检测

对于生长在土壤中的作物，土壤测试是确定肥料需求的必要手段。土壤分析应阐明土壤中某种营养元素的含量对要种植的某种具体作物而言是充足还是缺乏。土壤本身含有各种养分，通过先前施用化肥或有机肥也会有养分残留。但是土壤中的养分只有一小部分能被植物吸收利用，即对作物有效。氮主要存在于有机物中，并且只有被微生物分解形成硝态氮和铵态氮才能被作物吸收利用。土壤中的磷只有一小部分是速效磷，但土壤磷库会释放磷以维持土壤溶液的磷浓度。土壤中只有交换性钾和存在于溶液中的钾才能被作物吸收利用，但是随着有效钾不断被吸收，它与固定态钾之间的动态平衡被打破，钾会被转化释放到土壤溶液中。测出土壤的营养元素总含量并不能说明它们对作物的有效性。现已有只浸提出潜在有效养分的分析方法，这些方法广泛应用于土壤分析实验室，分析数据可以可靠地估测养分的有效性。

不同元素和不同土壤的浸提方法也不同，一些方法用弱酸或弱碱作浸提剂，一些则使用离子交换树脂，以模拟根对养分的吸收。阳离子有效性（如钾离子）通常都是测定浸提的可交换性部分。在用分析数据进行诊断之前，必须要用田间试验中作物对养分的反应结果来校正分析数据。

确定一种作物对养分的需要量时，必须用作物对养分的总需求量减去土壤所含的有效养分含量。另外，灌溉施肥中使用的水溶性养分，特别是磷肥，在土壤中会发生反应而使有效性降低，对于用土壤种植的作物，施肥时必须考虑到这一点。例如磷肥的施用量通常比作物实际需要的量大，从而满足作物的吸收。

土壤和生长基质测试应包含另外两个参数：电导率（EC）和pH值。土壤和生长基质中水浸提物的电导率可反映可溶性盐分含量。施肥后没有被作物吸收的或没有淋失的那部分养分及灌溉水本身会造成盐分累积，盐分浓度增加会使根际环境的渗透压升高，根系对水分和养分的吸收减少，从而造成减产。一些离子过量会对作物有不良反应，并会对土壤结构产生不良影响。

土壤和生长基质浸提物的pH值反映了土壤和生长基质的酸碱度。大多数作物在pH接近中性时长势最好。一些肥料具有酸化作用，如施用铵化合物会因氧化成硝态氮而使酸度增加。缓冲作物很弱的介质如粗质地砂壤土，酸化作物比细质地土壤更为明显。当灌溉水中含有过量钠离子时，土壤会碱化。

以色列农业部推广中心已发布了标准取样程序。通常用土钻从土面下0~20厘米和20~40厘米两个土层采取有代表性的土样。对于深根作物，取样土层应为0~30厘米和30~60厘米；对于碱化土壤最好在地面60厘米下取样。需调查取样地块的土壤均匀度，若表层土壤的颜色、倾斜度和耕作历史不同，可将田块划分为几小块来取样，每块均匀田地（或每小块田）和土层一般取 30～40 个点。然后将这些样品充分混合，取大概 1 千克土样带到实验室分析。生长期间的取样需在灌溉前进行，除去表层 5 厘米的土样，取样深度至 15～20 厘米。其他步骤与上面所述的相同。

二、植物养分检测

大田作物上测土施肥和效应函数法都是产前定肥，难以解决因气候等其他条件变化而引起的作物营养状况的变化，植株测试可以解决这一问题，多年生园艺作物不宜采用测土施肥等方法，而用植株测试是一个好方法。

植株测试一般分为两类：全量分析与组织速测。全量分析同时测定已结合在植物组织中的元素以及还留在植物汁液中的可溶性组分的元素；组织速测用来测定尚未被植物同化的留在植物汁液中的可溶性成分，实际上它代表的是已进入植物而尚未到达被利用部位的途中含量。

应用植株测试可以达到以下目的：对已察觉的症状进行诊断或证实诊断；检出潜伏缺素期；研究植物生长过程中营养动态和规律；研究作物品种的营养特点，作为施肥的依据；应用于推荐施肥。

1. 植株测试的方法

（1）植株测试的方法　按测试方法分类有化学分析法、生物化学法、酶学方法、物理方法等。

化学分析法：最常用、最有效的植株测试方法，按分析技术的不同，又将其分为植株常规分析和组织测定。植株常规分析多采用干样品，组织测定指分析新鲜植物组织汁液或浸出液中活性离子的浓度。前者是评价植物营养的主要技术，后者因具有简便、快速的特点宜于田间直接应用。

生物化学法：测定植株中某种生化物质来表征植株营养状况的

方法，如测定水稻叶鞘或叶片中天冬酰胺，或用淀粉-碘反应作为氮的营养诊断法。

酶学方法：作物体内某些酶的活性与某些营养元素的多少有密切关系，根据这种酶活性的变化，即可判断某种营养元素的丰缺。

物理方法：如叶色诊断，叶片颜色→叶绿素→氮。

（2）测定部位　一般来说，植株不同部位的养分浓度之间及其与全株养分浓度间是有一定关系的，然而，同种器官不同部位的养分浓度也有很大差异，而且不同养分之间这种差异是不一致的，叶、根中氮浓度对氮素供应的变化更敏感一些。因此，可作为敏感的指标。

不同供钾情况下烟草低位和高位叶的反应明显不同。在供应较低时，上部叶钾浓度的增长更快一些；当供应高时，下部叶更快。这与缺钾时钾的转移有关，老叶是指示缺钾的更敏感部位。钾移动性好，钙移动性差。试验中作物从含钙到缺钙，老叶钙不变，新叶缺钙，新叶时指示缺钙的更敏感部位。对于钙和硼，果实比叶片对缺素更敏感。

2. 植株测试中指标的确定

（1）**诊断指标的表示方法**　主要有临界值、养分比值、相对产量、DRIS 法、指数法等。

① 养分比值。由于营养元素之间的相互影响，往往一种元素浓度的变化常引起其他元素的改变。因此，用养分的比值作为诊断指标要比用一种元素的临界值能更好地反映养分的丰缺关系。

② DRIS 法。即诊断施肥综合系统。DRIS 法基于养分平衡的原理，用叶片诊断技术，综合考虑营养元素之间的平衡情况和影响作物产量的诸因素，研究土壤、植株与环境条件的相互关系，以及它们与产量的关系。

③ 指数法。先进行大量叶片分析，记载其产量结果和可能影响产量的各种参数，将材料分为高产组（B）和低产组（A），将叶片分析结果以 N%、P%、K%、N/P、N/K、K/P、NP、NK、

PK 等多种形式表示，计算各形式的平均值、标准差（S_d）、变异系数（C_V）、方差（S）及两种方差比（S_A/S_B），选择保持最高方差比的形式作为诊断的表示形式，对 N、P、K 的诊断一般多用 N/P、N/K、K/P 的形式表示。

应用时，将测定结果按下式求出 N 指数、P 指数、K 指数：

N 指数 $=+[f(N/P) + f(N/K)]/2$

P 指数 $=-[f(N/P) + f(K/P)]/2$

K 指数 $=+[f(N/P) - f(N/K)]/2$

当实测 N/P>标准 N/P 时，则 $f(N/P)=100 \times [($实测 N/P$)/($标准 N/P$)-1] \times 10/C_V$

当实测 N/P<标准 N/P 时，则：$f(N/P)=100 \times [1-($标准 N/P$)/($实测 N/P$)] \times 10/C_V$

$f(N/K)$，$f(K/P)$ 类推。

N 指数、P 指数和 K 指数中，如果负指数值越大，养分需要强度越大；正指数越大，养分需要强度越小。三个指数的代数和为 0。

如一果树求得 N 指数 $=-13$，P 指数 $=-31$，K 指数 $=44$，则需肥强度 P>N>K。

该法在多种作物上有较高的准确性，不受采样时间、部位、株龄和品种的影响，优于临界值法，但它只指出作物对某种养分的需求程度，而未确定施肥数量。

（2）确定诊断指标的方法　诊断指标应通过生产试验获得大量试验数据的情况下才确定。通常采用以下方法。

① 大田调查诊断。在一个地区选代表性地块，在播前或生育期进行化学诊断，并结合当地经验，搜集各种数据，统计整理，从中找出不同条件下产量、养分等变化幅度的规律，划分成不同等级作为诊断标准。

② 田间校验。即养分丰缺指标的划分研究。利用田间多点试验，找出养分测定值与相对产量之间的曲线，一般把指标划分为"高、中、低、极低"四级。田间校验的优点是能全面反映当地的

自然条件，把影响养分供应量的诸因素都表现在分级指标中，所得指标准确性高，但需时间及重复。

田间试验分短期、长期两种，短期多为一年试验，一般设施与不施某养分两种处理方法，要求多个试验点重复，根据相对产量划分等级，由于年限短，不能反映肥料的叠加效应。因此，结果只能决定是否需施肥，而不能确定施肥量。

长期田间试验可为确定养分用量提供数据，一个点上相同肥料及用量多年试验，可得测试值与产量相关性的数据。为确定施肥量做基础。

③ 对比法。在品种、土壤类型相同的条件下，选正常、不正常的健壮植株，多点测土壤植物养分含量。二者比较确定指标。

诊断指标的确定应是营养诊断、大田生产和肥料试验三者结合，并进行多次诊断找出规律。任何诊断指标都是在一定生产条件下取得的。外地的指标，只能作参考，不可生搬硬套。引用时要经产地生产的检验，才可使用。

（3）应用诊断指标应注意的问题

① 作物种类与品种特性。不同作物、同一作物不同品种、同一品种不同生育期对养分的需求和临界浓度不同，应用指标时应考虑。在有些情况下，养分含量高，生长量或产量并不一定高。

② 营养元素间的相互关系。拮抗作用，例如 Ca^{2+} 与 Mg^{2+}；协助作用，例如 Ca^{2+}、Mg^{2+}、Al^{3+} 能促进 K^+、NH_4^+ 等的吸收。因此，应用某种元素的诊断指标时，不仅要了解该养分的相对量，也要了解有关元素的相互关系。

③ 诊断的技术条件要求一致。采样分析等应和拟订指标时一致，应有可比性，否则指标就无应用价值。指标应随生产水平和技术措施的改变而不断修正。

总之，即要应用诊断指标施肥，又不要孤立地应用指标，必须因地制宜，根据具体情况灵活运用指标，从而使诊断指标更具实用价值，使诊断技术逐步完善。

三、施肥方案制订

施肥方案必须明确施肥量、肥料种类、肥料的使用时期。施肥量的确定要受到植物产量水平、土壤供肥量、肥料利用率、当地气候、土壤条件及栽培技术等综合因素的影响。确定施肥量的方法也很多，如养分平衡法、田间试验法等。这里仅以养分平衡法为例介绍施肥量的确定方法。

1. 施肥量确定

根据作物目标产量需肥量与土壤供肥量之差估算目标产量的施肥量，通过施肥满足土壤供应不足的那部分养分。施肥量的计算公式为：

$$施肥量（千克/亩）=\frac{（目标产量所需养分总量－土壤供肥量}{肥料中养分含量×肥料当季利用量}$$

养分平衡法涉及目标产量、作物需肥量、土壤供肥量、肥料利用率和肥料中有效养分含量五大参数。

（1）目标产量　目标产量可采用平均单产法来确定。平均单产法是利用施肥区前 3 年平均单产和年递增率为基础确定目标产量，其计算公式：

$$目标产量（千克）=（1+递增率）×前 3 年平均单产$$

一般粮食作物的递增率以 10%～15% 为宜，经济作物的递增率以 15% 为宜。

（2）作物需肥量　通过对正常成熟的作物全株养分的化学分析，测定各种作物百千克经济产量所需养分量，即可获得作物需肥量。

$$\frac{作物目标产量}{所需养分量（千克）}=\frac{目标产量（千克）}{100}×\frac{百千克产量}{所需养分量}$$

如果没有试验条件，常见作物平均百千克经济产量吸收的养分量也可参考表 6-22 进行确定。

（3）土壤供肥量　土壤供肥量可以通过测定基础产量、土壤有效养分校正系数两种方法估算。

表 6-22 不同农作物形成百千克经济产量所需养分

单位：千克

作物名称		收获物	从土壤中吸收 N、P_2O_5、K_2O 数量		
			N	P_2O_5	K_2O
大田作物	水稻	稻谷	2.1~2.4	1.25	3.13
	冬小麦	籽粒	3.00	1.25	2.50
	春小麦	籽粒	3.00	1.00	2.50
	大麦	籽粒	2.70	0.90	2.20
	荞麦	籽粒	3.30	1.60	4.30
	玉米	籽粒	2.57	0.86	2.14
	谷子	籽粒	2.50	1.25	1.75
	高粱	籽粒	2.60	1.30	3.00
	甘薯	块根	0.35	0.18	0.55
	马铃薯	块茎	0.50	0.20	1.06
	大豆	豆粒	7.20	1.80	4.00
	豌豆	豆粒	3.09	0.86	2.86
	花生	荚果	6.80	1.30	3.80
	棉花	籽棉	5.00	1.80	4.00
	油菜	菜籽	5.80	2.50	4.30
	芝麻	籽粒	8.23	2.07	4.41
	烟草	鲜叶	4.10	0.70	1.10
	大麻	纤维	8.00	2.30	5.00
	甜菜	块根	0.40	0.15	0.60

通过基础产量估算（处理 1 产量）：不施养分区作物所吸收的养分量作为土壤供肥量。

$$土壤供肥量（千克）= \frac{不施养分区农作物产量（千克）}{100} \times$$

百千克产量所需养分量（千克）

通过土壤有效养分校正系数估算：将土壤有效养分测定值乘一个校正系数，以表达土壤"真实"供肥量。该系数称为土壤有效养分校正系数。

$$\frac{土壤有效养分}{校正系数(\%)} = \frac{缺素区作物地上部分吸收该元素量（千克／亩）}{该元素土壤测定值（毫克／千克）\times 0.15}$$

（4）肥料利用率　一般通过差减法来计算。利用施肥区作物吸收的养分量减去不施肥区农作物吸收的养分量，其差值视为肥料供应的养分量，再除以所用肥料养分量就是肥料利用率。

$$肥料利用率(\%) = \frac{\begin{array}{c}施肥区农作物吸收养分量（千克/亩）-\\ 缺素区农作物吸收养分量（千克/亩）\end{array}}{\begin{array}{c}肥料施用量（千克/亩）\times\\ 肥料中养分含量（\%）\end{array}} \times 100$$

如果没有试验条件，常见肥料的利用率也可参考表 6-23。

表 6-23　肥料当年利用率

肥料	利用率/%	肥料	利用率/%
堆肥	25～30	尿素	60
一般圈粪	20～30	过磷酸钙	25
硫酸铵	70	钙镁磷肥	25
硝酸铵	65	硫酸钾	50
氯化铵	60	氯化钾	50
碳酸氢铵	55	草木灰	30～40

（5）肥料养分含量　供施肥料包括无机肥料和有机肥料。无机肥料、商品有机肥料含量按其标明量，不明养分含量的有机肥料其养分含量可参照当地不同类型有机肥养分平均含量获得。

2. 施肥时期的确定

掌握作物的营养特性是实现合理施肥的最重要依据之一。不同的作物种类其营养特性是不同的，即便是同一种作物在不同的生育时期其营养特性也是各异的，只有了解作物在不同生育期对营养条件的需求特性，才能根据不同的作物及其不同的时期，有效地应用施肥手段调节营养条件，达到提高产量、改善品质和保护环境的目的。作物的一生要经历许多不同的生长发育阶段，在这些阶段中，除前期种子营养阶段和后期根部停止吸收养分的阶段外，其他阶段都要通过根系或叶等其他器官从土壤中或介质中吸收养分，作物从环境中吸收养分的整个时期叫作物的营养期。作物不同生育阶段从环境中吸收营养元素的种类、数量和比例等都有不同要求的时期叫作物的阶段营养期。作物对养分的要求虽有其阶段性和关键时期，但决不能忘记作物吸收养分的连续性。任何一种植物，除了营养临界期和最大效率期外，在各个生育阶段中适当供给足够的养分都是必需的。

第四节
水肥一体化技术中肥料配制与浓度控制

一、水肥一体化技术中肥料配制

在施肥制度确定之后，就要选择适宜的肥料。一是可以直接选用市场上的微灌专用固体或液体肥料，但是这种肥料中的各养分元素的比例可能不完全满足作物的需求，还需要补充某种肥料。二是按照拟订的养分配方，选用溶解性好的固体肥料，自行配制抽灌专用肥料。生产实践中选配肥料时最常用的方法是解析法，通过公式计算求出基础肥料的用量和肥料总量，具体方法如下。

设拟配制的微灌专用肥料配方为 $N:P_2O_5:K_2O=A:B:C$，应配出的 N、P_2O_5、K_2O 纯养分量分别为 A_0、B_0、C_0，采用两种以上基础肥料配制，它们 N、P_2O_5、K_2O 的百分含量分别是

基础肥料 1：a_1、b_1、c_1
基础肥料 2：a_2、b_2、c_2

基础肥料 3：a_3、b_3、c_3

设 3 种基础肥料的用量分别是 X、Y、Z，有以下方程组：

$$A_0 = a_1 \times \frac{X}{100} + a_2 \times \frac{Y}{100} + a_3 \times \frac{Z}{100}$$

$$B_0 = b_1 \times \frac{X}{100} + b_2 \times \frac{Y}{100} + b_3 \times \frac{Z}{100}$$

$$C_0 = c_1 \times \frac{X}{100} + c_2 \times \frac{Y}{100} + c_3 \times \frac{Z}{100}$$

通过方程组解出 X、Y、Z，即基础肥料的用量。

【例 1】 配制某种作物苗期微灌专用肥料，其肥料配方为 N：P_2O_5：$K_2O = 24 : 15 : 15$，应配出的 N、P_2O_5、K_2O 纯养分量分别为 3.6 千克、2.3 千克、2.3 千克，选用尿素（N46%）、磷酸一铵（N11%、$P_2O_5$52%）、氯化钾（K_2O60%）3 种基础肥料配制，求各种基础肥料的配用量以及专用肥料量。

已知拟配制的 N：P_2O_5：K_2O 的肥料配方的为 $A = 24$、$B = 15$、$C = 15$。

应配出的 N、P_2O_5、K_2O 纯养分量为 $A_0 = 3.6$、$B_0 = 2.3$、$C_0 = 2.3$。

选用的基础肥料各养分元素的百分含量如下。

尿素：$a_1 = 46$、$b_1 = 0$、$c_1 = 0$

磷酸一铵：$a_2 = 11$、$b_2 = 52$、$c_2 = 0$

氯化钾：$a_3 = 0$、$b_3 = 0$、$c_3 = 60$

将已知数据代入方程：

$$3.6 = 46 \times \frac{X}{100} + 11 \times \frac{Y}{100} + 0 \times \frac{Z}{100}$$

$$2.3 = 0 \times \frac{X}{100} + 52 \times \frac{Y}{100} + 0 \times \frac{Z}{100}$$

$$2.3 = 0 \times \frac{X}{100} + 0 \times \frac{Y}{100} + 60 \times \frac{Z}{100}$$

解方程得：

$X = 6.8$，$Y = 4.4$，$Z = 3.8$

即配制的某种作物苗期微灌专用肥料中 N、P_2O_5、K_2O 纯养分量分别为 3.6 千克、2.3 千克、2.3 千克，需要尿素 6.8 千克、磷酸一铵 4.4 千克、氯化钾 3.8 千克，专用肥料量总和为 15.0 千克。

【例 2】 配制某种作物采收期一次微灌专用肥料，其肥料配方为 N：P_2O_5：K_2O＝15：0：18，应配出的 N、P_2O_5、K_2O 纯养分量分别为 1.5 千克、0 千克、1.8 千克，选用尿素（N46%）、氯化钾（K_2O60%）两种基础肥料配制，求各种肥料的配用量以及专用肥料量。

已知拟配制的 N：P_2O_5：K_2O 的肥料配方的为 A＝0、B＝0、C＝18。

应配出的 N、P_2O_5、K_2O 纯养分量为 A_0＝1.5、B_0＝0、C_0＝1.8。

选用的基础肥料各养分元素的百分含量如下。

尿素：a_1＝46、b_1＝0、c_1＝0

氯化钾：a_3＝0、b_3＝0、c_3＝60

将已知数据代入方程：

$$1.5 = 46 \times \frac{X}{100} + 0 \times \frac{Y}{100}$$

$$1.8 = 0 \times \frac{X}{100} + 60 \times \frac{Y}{100}$$

解方程得：

X＝3.3，Y＝3.0

即配制的某种作物采收微灌专用肥料中 N、P_2O_5、K_2O 纯养分量分别为 1.5 千克、0 千克、1.8 千克，需要尿素 3.3 千克、氯化钾 3.0 千克，专用肥料量总和为 6.3 千克。

二、水肥一体化技术设备运行中的肥料浓度控制

在微灌施肥过程中，由于施肥罐的体积有限，大多需要多次添加肥料，需要计算灌溉水的养分浓度，以便于及时补充肥料，按计

划完成微灌施肥工作。同时，植物根系对灌溉水的养分浓度也有要求，过高的养分浓度会对植物根系造成危害。因此，在微灌施肥进行过程中的监测也十分必要。

1. 计算灌溉水的养分浓度

微灌施肥中添加的肥料有固体和液体肥料，每次添加肥料后都可以计算出灌溉水的养分浓度。计算灌溉水的养分浓度有两种方法。

（1）以重量百分数表示的养分浓度计算方法　固体肥料或者液体肥料中养分含量以重量百分数表示时的计算公式是：

$$C = \frac{P \times W \times 10000}{D}$$

式中，C 为灌溉水中养分浓度，毫克/千克；P 为加入肥料的养分含量，%；W 为加入肥料数量，千克；D 为加肥同期系统的灌溉水量，千克。

【例3】　将 15 千克总养分浓度为 28%（16-4-8）的固体肥料溶解后（或者液体肥料）注入系统，灌水定额为 12 米^3，用公式计算：

$$C = \frac{28 \times 15 \times 10000}{12000} = 350（毫克 / 千克）$$

计算得出，灌溉水中养分浓度 350 毫克/千克。还可以分别计算出 N、P_2O_5、K_2O 的浓度，以 N 为例，用公式计算：

$$N = \frac{16 \times 15 \times 10000}{12000} = 200（毫克 / 千克）$$

计算得出，氮（N）的浓度是 200 毫克/千克。同理可计算出磷（P_2O_5）的浓度为 50 毫克/千克，钾（K_2O）的浓度为 100 毫克/千克。

（2）液体肥料以克/升表示的养分浓度计算方法　液体肥料的养分含量以克/升表示时的计算公式是：

$$C = \frac{P \times W \times 1000}{D}$$

式中，C 为灌溉水中养分浓度，毫克/千克；P 为加入肥料的养分含量，克/升；W 为加入肥料数量，升；D 为加肥同期系统的灌溉水量，千克。

【例4】　现需要将 15 升氮的含量为 300 克/升的液体肥料注入系统，灌水定额为 12 立方米，用公式计算：

$$C = \frac{300 \times 15 \times 1000}{12000} = 375（毫克／千克）$$

计算得出，灌溉水中养分浓度是 375 毫克/千克。

由于溶解固体肥料和液体肥料所用的水量很小，灌溉水本身含有的养分可以忽略不计。

2. 监控灌溉水的养分浓度

监控灌溉水的养分浓度一般是监测灌溉水的电导率。当灌溉水将配制好的肥液带入土壤，通过注肥量和灌溉水量的计算大体可以了解灌溉水中养分浓度范围。由于灌溉水本身就含有一定量的离子。同时，注肥时间又少于灌溉时间，所以，在微灌系统注肥期间，灌溉水离子浓度与计算结果不是完全吻合的，实际情况往往是灌溉水养分离子浓度大于计算值。因此，可以在微灌管道的出水口定时采集水样，利用掌上电导率仪和 pH 仪测定灌溉水的电导率（EC），对灌溉水的养分浓度进行监测。灌溉水电导率值单位是毫西门子/厘米，它与养分浓度单位毫克/千克之间有一定的换算关系。当灌溉水中同时存在几种养分元素时，电导率与养分浓度的大致换算关系是：

1 毫西门子/厘米＝640 毫克/千克

由测得的电导率可以估算灌溉水中的离子浓度（毫克/千克）值，如果灌溉水电导率过大，在需要改变灌溉水的离子浓度时，可以通过计算求得，减少肥料量或增加灌溉水量。

不同作物以及同一作物的不同生长阶段对灌溉水电导率的承受能力是不同的。对于蔬菜来说，在生长前期，一般控制灌溉水电导率在 1 毫西门子/厘米之下，在作物生长后期控制电导率不大于 3 毫西门子/厘米。在灌水量较少、灌水时间短的情况下，需要随时了解灌溉水的养分浓度，以保证作物用肥安全。

3. 计算注肥流量

注肥流量是指在单位时间内注入系统肥液的量，它是选择注肥设备的重要参数，也是控制微灌施肥时间的重要参数，在生产实践中应用性很强。注肥流量的计算公式为：

$$q = LA/t$$

式中，q 为注肥流量，升/小时；L 为单位面积注入的肥液量，升/亩；A 为施肥面积，亩；t 为指定完成注肥的时间，小时。

【例 5】　某灌区面积 20 亩，每公顷注肥 150 升，要求注肥在 3 小时内结束，则泵的注肥流量为：

$$q = 150 \times 20/3$$
$$= 1000 \text{（升/小时）}$$

通过计算得出，注肥流量为每小时 1000 升。

三、其他相关的计算公式和方法

1. 从肥料实物量计算纯养分含量

肥料有效养分的标识，通常以其氧化物含量的百分数表示，对氮、磷、钾来说，氮以纯氮表示（N%），磷以五氧化二磷（P_2O_5%）表示，钾以氧化钾（K_2O%）表示。固体肥料中的有效养分含量都是用重量百分比（%）表示，液体肥料中的有效养分含量有两种表示方法，一是重量百分比（%），二是每升中养分克数（克/升）。

从肥料实物量计算纯养分含量，公式：

纯养分量＝实物肥料量×养分含量（%或克/升）

【例 6】　20 千克尿素，含 N46%，求折合纯养分量为多少千克？

解：纯养分量＝$20 \times 46\%$
　　　　　＝9.2（千克）

计算得出，20 千克尿素的氮纯养分量为 9.2 千克。

2. 从养分需求量求实际肥料需要量

在许多有关施肥的材料中，养分需求量通常是以纯养分量来表示，当生产实际中进行施肥时，需要换算成实际的肥料需求量。从养分需求量求实际肥料需要量的公式为：

实际肥料需要量＝养分量÷养分含量（％或克/升）

【例7】　如果需要 5 千克纯量钾，需要 K_2O 含量为 60％的氯化钾多少千克？

解：氯化钾需要量＝5÷60％

＝8.3（千克）

计算得出，满足 5 千克的纯量钾需要 K_2O 含量为 60％的氯化钾 8.3 千克。

3. 计算储肥罐容积

在微灌施肥前，固体或者液体肥料都要事先在储肥罐中加水配成一定浓度的肥液，后由施肥设备注入系统。储肥罐要有足够的容积，应根据施肥面积、单位面积的施肥量和储肥罐中肥液浓度而定。储肥罐容积计算公式如下。

$$V = wA/C$$

式中，V 为储肥罐容积，升；w 为每次施肥单位面积施肥量，千克/亩；A 为施肥面积，亩；C 为储肥罐中肥液的浓度，千克/升。

【例8】　微灌施肥面积 2 亩，每次施肥量为 5 千克/亩，储肥罐中肥液的浓度为 0.5 千克/升，求所需储肥罐的容积。

将有关数据代入计算公式，得：

$$V = 5 \times 2/0.5 = 20（升）$$

计算得出，满足 2 亩的微灌施肥需要配置 20 升容积的储肥罐。

第七章　粮食作物水肥一体化技术应用

我国地域广阔，种植的粮食作物种类繁多，主要有禾谷类作物（水稻、小麦、玉米、高粱、谷子等）、豆类作物（大豆、蚕豆、绿豆、红豆等）、薯芋类作物（甘薯、马铃薯、芋头、木薯等）。其中小麦、玉米、大豆、马铃薯等作物的水肥一体化技术应用较为广泛。

第一节　小麦水肥一体化技术应用

我国小麦常年种植面积约 3000 万公顷，占全国粮食作物种植面积的 26%，是世界小麦种植面积的 20%；小麦总产量 1.15 亿吨，占粮食总产 22%，是世界小麦总产的 19.6%。小麦是我国重要的粮食品种，在国民经济中占有重要地位。小麦也比较适宜水肥一体化灌溉技术，全国水肥一体化推广面积已达 1000 万亩（1 亩≈667 米^2，下同）（图 7-1、图 7-2）。据河南省许昌县农技推广中心示范，采用水肥一体化技术，灌水量由 200 米^3 减少为 100 米^3，亩产量增加 20%～30%，小麦最高亩产量 704 千克。

图 7-1　小麦微喷灌水肥一体化技术　　图 7-2　小麦滴灌水肥一体化技术

一、小麦需水规律与灌溉方式

1. 小麦需水规律

水分在冬小麦一生中起着十分重要的作用，每生产 1 千克小麦需要 0.8～1.2 米³ 水。冬小麦各生育期耗水情况如下：播种后至拔节前，植株小，温度低，地面蒸发量小，耗水量占全生育期的 35%～40%，日均耗水量为 0.6 毫米；拔节到抽穗，进入旺盛生长时期，耗水量急剧上升，在 25～30 天时间内耗水量占总耗水量的 20%～25%，日均耗水量为 3.3～5.1 毫米，此期是小麦需水的临界期，如果缺水会严重减产；抽穗到成熟，35～40 天，耗水量占总耗水量的 26%～42%，日耗水量比前一段略有增加，尤其是抽穗前后，茎叶生长迅速，绿叶面积达小麦一生最大值，日耗水量约 6 毫米。

2. 小麦灌溉方式

小麦的水肥一体化技术适合灌溉的方式主要是微喷灌和滴灌。

二、冬小麦滴灌水肥一体化栽培技术

1. 地块选择及整地

种植滴灌小麦的地块，要求深耕，增加耕层，耕深一般应达到

27～28厘米。播种前土地应严格平整。土壤应细碎，以提高播种质量和铺管带质量。前茬作物应提前耕翻、整平，播种前应加大土壤镇压，保住底墒。滴灌小麦氮、磷、钾肥在基肥中的用量，一般占施肥总量的50%～60%。与地面灌种植小麦相比，在基肥中，磷肥用量比例应适当加大，氮肥用量比例应适当降低10%～20%，以加大滴灌追肥用量和比例，有利于根据小麦生长情况及时调控，水肥耦合，提高肥效。

2. 播种

（1）播种机改装与农具配套 小麦播种机应按照技术要求，提前进行检查、维修、改装，安装、铺设好毛管装置。在3.6米播幅的情况下，除盐碱地采用一机六管、一管滴四行小麦和沙性较强的地采用一机四管、一管滴六行小麦外，一般麦田均采用一机五管、一管滴五行小麦。除铺管行行距和交接行行宽20～25厘米外，其他行均为13.3厘米左右等行距播种。

按照小麦管带布置方式要求调整行距布置。一机四管、一管滴六行小麦，毛管间距为90厘米，铺毛管间距为20厘米，滴头流量1.8升/小时，支管轮灌。一机五管、一管滴五行小麦，毛管间距72厘米，铺毛管行间距21厘米，滴头流量1.8升/小时，支管轮灌。

（2）播种期 滴灌小麦播种期是从播后滴水出苗之日算起的。滴灌小麦适期播种是培育壮苗、提高麦苗素质、为丰产打下基础的保证。在气候正常年份，滴水出苗小麦播种期比地面灌种植一般应推迟1～2天。

（3）播种质量要求 麦田应提前做好平整，机车事先做好调试，农具应配置好。播后及时布好支（辅）管、接好管头。播种时间与滴水出苗时间间隔不宜超过3天。播种深度保持3～3.5厘米。播行宽窄要规范，为防风吹动管带，一般要浅埋1～2厘米，但不宜过深。

3. 冬小麦生育期滴灌方式

（1）出苗水 采用滴水出苗的麦田，水量一定滴足、滴匀。亩滴水量一般为 80～90 米³。湿润锋深度应保持在 25 厘米以下，土壤耕层持水量应保持 70%～75%，以便种子吸水发芽，保持各行出苗整齐一致。如播种时土壤过于疏松或者滴水时毛管低压运行，会造成出苗水用水量过大，而且墒情不均，各行麦苗出苗不整齐。

（2）越冬水　小麦越冬期间土壤水分，应保持田间持水量 70%～75%，以利越冬和返青后生长。土壤临冬封冻前滴水，具有储水防旱、稳定地温和越冬期间防冻保苗的作用。

（3）返青水　小麦返青后是否滴水，要根据麦田实际情况而定，一般麦田不需要滴水。因为小麦返青生长期间需水较少，也防止滴水后会降低地温，延缓返青生长。除非临冬前麦田未冬灌，冬季积雪少、春旱、土壤持水量不足 65%～70% 的情况下，才可滴水。但盐碱地麦田，随着气温上升，土壤水分蒸发，往往会有反碱死苗现象，为抑制反碱、防止死苗，当 5 厘米土层地温连续 5 天平均≥5℃时才可进行滴灌。而且第一水滴过 5～7 天后，应连续再滴第二水，防止盐碱上升。第一次每亩滴水量 35 米³ 左右。土壤肥沃、冬前群体较大的麦田，应适当控制返青水，通过适当蹲苗的方式，抑制早春无效分蘖数量，防止群体过大，后期产生倒伏现象。

（4）拔节水　小麦拔节至抽穗期长达 30 多天，且进入高温时期，植株蒸腾和土壤蒸发失水量较大，一般麦田除拔节前滴灌外，拔节期间尚需滴水 2～3 次，在前期群体适当调控的基础上，拔节水 5～7 天之后，紧接着滴第二水，其后 8～10 天，再滴水 1 次，每次每亩滴水 30～40 米³，土壤持水量 75%～80%，随着根系下扎，湿润锋应达到 40～50 厘米。

（5）孕穗水　小麦孕穗期是开花授粉和籽粒形成的重要时期，需水迫切，对水分反应敏感，是需水"临界期"，田间持水量应保持 75%～80%。孕穗期一般滴水 2 次，每次滴水 30～40 米³/亩。

（6）灌浆水　小麦从开花到成熟，耗水量占总耗水量近 1/3，通常每日耗水量为拔节前的 5 倍，是需水量较多的时期。土壤水分以维持田间持水量的 70%～85%。小麦灌浆到成熟的时间需要 32～38 天，滴水一般需要 2～3 次，第一次应滴好抽穗扬花水。抽穗扬花期滴水的作用是保花增粒、促灌浆，达到粒大、粒重及防止根系早衰的目的。每亩每次灌水量一般为30～40米³。滴好麦黄水能降低田间高温，缓解高温对小麦灌浆的影响。小麦受高温危害后，及时滴水能促使受害植株恢复生长，减轻危害。

4. 生育期滴肥方式

（1）滴出苗水时应带种肥　种肥应以磷肥为主、氮肥为辅，如施用磷酸二铵作种肥，一般每亩用量为3～5千克。滴水出苗的麦田，播种时如未能施种肥的，在滴出苗水时，应随水滴肥，每亩施尿素3～4千克，加磷酸二氢钾1～2千克。

（2）返青肥　追施返青肥，应因苗进行，对晚、弱麦苗增产效果显著。对底肥充足、麦苗生长较壮（或者旺长）、群体较大的麦田，返青时不应再追肥，以防止营养过剩、早衰无效分蘖太多、群体过大、麦苗基部光照不足、节间生长过长而引起后期植株倒伏。

（3）拔节肥　拔节肥追肥时间一般从春3叶开始，结合滴水进行。瘦地、弱苗应适当提前；土壤肥沃、小麦群体较大，滴肥应适当延迟。拔节期经历时间较长，随水滴肥一般进行3次，要"少吃多餐"，第一次滴肥5～7天后，随水紧接着再滴第二次，每次滴施尿素5～7千克，加磷酸二氢钾2～3千克。

（4）孕穗肥　随着小麦单产提高和大穗型品种广泛的应用，应改变过去小麦中、低产阶段用肥的模式。一般麦田结合滴水追施尿素3～5千克，加磷酸二氢钾2～3千克。对脱肥的麦田，其增产效果则更加明显。

（5）灌浆初期肥　若土壤肥沃、植株叶片浓绿，滴水时则不宜滴肥，更不宜多施，防止引起麦苗贪青晚熟。而一般麦田可酌情滴施氮、磷肥，以提高植株生活力，促进灌浆，增加粒重。

（6）小麦生育期随水滴肥的方法和程序　不同的土壤对肥料吸附能力大小不同，而不同的肥料随水滴施流动性也不一样，加之毛管首端压力差异和滴水数量多少不同，均可能造成小麦行间接收水肥产生差异，使小麦出苗早晚和生长情况不同，田间有时出现"高低行"和"彩带苗"现象。小麦生育期随水滴肥时,应尽量保持麦田生长整齐,在一般情况下,应先滴清水2小时左右,待土壤湿润峰达到20~25厘米时,再加入肥料滴施4~5小时,使肥料随水适当扩散,最后再滴清水1~2小时,以冲刷毛管和支(辅)管,防止肥料堵塞和腐蚀滴头。

5. 滴灌小麦机械收获

(1)收获时期　小麦腊熟后期,籽粒中干物质积累达到高峰,是机械收获的最佳时期,此期收获小麦产量高、品质好。

(2)机收方法　小麦滴灌最后一水结束后,趁麦秆尚未枯萎将支(辅)管撤去,为机收做准备;取下的支(辅)管放置田外,盘放整齐准备再用。小麦机械收获留茬高度一般为15厘米,如割取麦草做饲用或做工业原料,可适当降低。如麦收后计划采用两作"双滴栽培",即滴灌小麦收获后再用滴灌方式种植夏播作物时,小麦生育期最后一次滴水应适当延迟,留茬高度可适当提高为20厘米。割下的麦草应及时运出田外或随时粉碎、均匀地撒在田间(碎草量不宜过大),通过免耕在毛管行间随机复播。

滴灌小麦田间生长均匀、整齐,成熟期一致,加之田间平整,没有沟渠和畦埂,机收进度快,工效高,抛洒、掉穗、落粒等损失普遍减少。田间机收损失率可由原来的5%~7%降低到5%以内。

三、冬小麦测墒与微喷水肥一体化技术

1. 冬小麦测墒灌溉种植技术

冬小麦测墒灌溉种植技术主要由墒情监测、土壤深耕、秸秆还田、节水灌溉等一系列节水技术措施集合而成,适合全省冬小麦种植灌溉区域。近几年,通过在全省不同类型区域示范推广该项技术,改变不科学的灌溉方式,取得了显著的增产、节水效果,得到了当地种植农户的一致认可,具备很高的推广价值。

冬小麦生育期内,在墒情监测的基础上,依据不同生育期需水规律,结合农田土壤实际水分状况,计算灌水定额,制订科学灌水

方案，实行节水灌溉。尤其是在关键生育期，应用水肥耦合技术，采用滴灌或微喷灌等高效节水灌溉技术，实现作物增产和水肥高效利用。

（1）墒情监测技术　在农田设立固定墒情监测点，按照"三统一"（统一时间、统一技术、统一方法）原则，在冬小麦全生育期开展土壤墒情监测，遇到重大自然灾害或关键生育期增加测墒次数。根据农田土壤墒情状况及冬小麦需水规律，科学制定节水灌溉制度，合理确定灌溉时间和灌溉水量，有效提高灌溉水利用率（图7-3）。

图 7-3　小麦田间自动测墒

（2）节水灌溉技术　开展农田土壤墒情监测，依据监测结果指导农民适时、定量灌溉，在冬小麦苗期、返青期、拔节期应用"小地龙"节水灌溉技术进行灌溉。该技术简单、易行、方便、实用，具有节水、节能、省工、高效、增产等优点（一是节水，每亩地灌水量 20～30 米^3，较小白龙节水 40%～50%；二是节能，每亩需要用电 3～4 元，较小白龙节电 50%；三是省工，只需 2 人操作；四是高效，一套管每天可灌溉 7～8 亩，两套管可灌 13 亩，小白龙每天仅灌溉 3~4 亩；五是增产，采用小地龙喷灌，如同下雨，不会冲翻土壤，更不会冲毁庄稼，灌水更为均匀，土壤疏松不板结，还可以减少肥料养分淋失，可增产 5%~20%）。灌溉设备主要包括潜水泵、下井管、输水管、喷灌带及辅助配件。

（3）土壤深松耕技术　玉米秸秆经腐熟还田后，耕地统一采用深耕深松机进行整地，加深耕层，耕层由原来的 10~12 厘米加深到 23~25 厘米，然后适当耙糖镇压，做到上虚下实，既利于播种，又减少土壤水分蒸发，同时还能提高耕层土壤蓄水保墒能力。

（4）秸秆还田技术　夏玉米成熟后，先采用机械或人工收获，然后统一采用大型玉米秸秆粉碎机统一粉碎，秸秆碎度在 10 厘米以下。秸秆粉碎后在田间撒匀，并在秸秆表面每亩撒施碳铵 10~20 千克，调节碳、氮比，以加速秸秆腐熟，秸秆覆盖可有效减少土壤表面水分蒸发，保持土壤墒情。

2. 冬小麦水肥一体化生产技术规程

（1）范围　本规程规定了小麦水肥一体化生产的术语和定义、技术原则、灌溉施肥系统与设备设施、水肥管理等内容。本规程适用于小麦水肥一体化生产。

（2）规范性引用文件　下列文件对于本文件的应用是必不可少的。凡是注日期的引用文件，仅注日期的版本适用于本文件。凡是不注日期的引用文件，其最新版本（包括所有的修改单）适用于本文件。

《微灌工程技术规范》（GB/T 50485）

《农田灌溉水质标准》（GB 5084）

《农用水泵安全技术要求》（NY 643）

《大量元素水溶肥料》（NY 1107）

《农田土壤墒情监测技术规范》（NY/T 1782）

《高标准粮田建设标准》（DB41/T 885）

《农业用水定额》（DB41/T 958）

（3）术语和定义　下列术语和定义适用于本文件。

水肥一体化：在农田中利用管道灌溉系统，以水为载体，在灌溉的同时进行施肥，对农田水分和养分进行综合调控和一体化管理。

水肥耦合：根据不同水分条件，在时间、数量和方式上合理配合灌溉与施肥，达到以水促肥、以肥调水、增加作物产量和改善品质的一种方式。

（4）技术原则　在土壤水分监测和土壤养分检测的基础上，根据小麦不同生育期需水规律和需肥规律，结合水肥一体化技术节水节肥的特点，制定合理的灌溉、施肥制度。通过水肥一体化田间设施设备，将拟订的灌溉、施肥制度实施。土壤水分监测应符合 NY/T 1782 的规定。灌水总量较常规灌水量减少 30％～40％。施肥总量较常规施肥量减少 20％～30％。氮肥基追比例为 4：6，其中 40％的氮肥基施，60％的氮肥在返青、拔节、孕穗或灌浆期随水追施；磷肥全部基施；钾肥基追比例为 6：4，在拔节和孕穗期随水追施。

（5）灌溉施肥系统与设备设施

① 灌溉施肥系统的设计应符合 GB/T 50485 的规定。

② 灌溉水源应符合 GB 5084 的规定。

③ 首部枢纽中灌溉泵站建设应符合 NY 643 的规定。过滤器是对灌溉水中物理杂质的处理设备与设施。井水宜选用离心过滤器加筛网过滤器或叠片过滤器，库水、塘水及河水根据泥沙状况、有机物状况配备离心式过滤器或砂石过滤器加筛网过滤器或叠片过滤器。施肥器根据水源条件可选用压差式施肥罐、泵前施肥池、文丘里施肥器、注肥泵或比例施肥泵等。

④ 测量装置主要有压力表、流量计或水表，实时监测管道中的工作压力和流量，保证系统正常运行。安全保护装置主要有进排气阀、安全阀、逆止阀、泄水阀等，避免系统开启或关闭时产生的异常压力对管道管件的破坏。

⑤ 输配水管网包括干、支、毛三级管道，视具体情况和需要可埋入地下也可放在地面上。干管宜采用聚氯乙烯（PVC）硬管，

管径 90～125 毫米，管壁厚 2.0～3.0 毫米，承压 0.6 兆帕，采用地埋方式，管道埋深应符合 DB41/T 885 的规定。支管宜采用聚乙烯（PE）软管，管径 40～60 毫米，管壁厚 1.0～1.5 毫米。

毛管根据土壤类型沿小麦种植平行方向铺设，与支管垂直。滴灌带模式下，铺设长度不超过 70 米，黏土或壤土地块每 3 行小麦铺设一条滴灌管，砂土地块每 2 行小麦铺设一条滴灌管；微喷带模式下，铺设长度不超过 80 米，根据喷幅每 4～6 米铺设一条直径为 40～63 毫米的微喷带。

⑥ 灌水器宜采用滴灌带或微喷带。内镶式滴灌带宜采用聚乙烯（PE）软管，管径 15～20 毫米，管壁厚 0.4～0.6 毫米，出水口间距为 20～30 厘米，流量为 1～3 升/小时。微喷带宜采用聚乙烯（PE）软管，管径 40～60 毫米，管壁厚 0.4～0.5 毫米，流量为 20～30 升/小时。

（6）肥料选择　常规肥料所采用的肥料中水不溶物要低于 0.5%。水肥一体化专用肥料在常规肥料的基础上，按照小麦需肥规律配置无沉淀、速溶的专用肥。水溶肥料应符合 NY 1107 的规定，且水不溶物要低于 0.5%。

（7）灌溉施肥系统维护

① 系统每次工作前先用清水灌溉 3～5 分钟，可通过调整阀门的开启度进行调压，使系统各支管进口的压力大致相等，待压力稳定后再开始向管道加肥。施肥结束后，微喷带灌水模式下用清水继续灌溉不少于 10 分钟，滴灌带模式下继续滴清水不少于 25 分钟。

② 系统应在正常工作压力下运行。微喷带模式下，支管压力保持在 0.15～0.25 兆帕；滴灌带模式下，支管压力保持在 0.08～0.12 兆帕。

③ 系统运行一段时间后，要根据管道系统堵塞情况进行清洗。清洗时，依次打开毛管末端堵头，使用高压水流冲洗干、支管道；过滤器的出口压力表压力高于进口压力 0.01～0.02 兆帕时清洗过滤器，对离心过滤器应及时排沙。

④ 定期对管网进行检查，如有漏水立即处理。对损坏处进行

维修，冲净泥沙，排净积水。

（8）水肥管理

① 灌溉。小麦拔节前，土壤相对含水量低于 65% 时进行灌溉，每次每亩灌水量 20~25 米³。孕穗或灌浆期，土壤相对含水量低于 70% 时进行灌溉，每次灌水量 20~25 米³。不同区域小麦全生育期灌溉总量应符合 DB41/T 958 的规定。

② 施肥。按不同生态类型区土壤肥力状况及产量水平，科学合理施肥。按照当地土肥技术部门制订的测土配方施肥意见在返青、拔节、孕穗或灌浆期借助灌溉系统随水施肥。

四、春小麦滴灌水肥一体化栽培技术

1. 春小麦滴灌栽培播种技术

（1）临冬前麦田土地准备　种春小麦的土地，冬前要进行土地耕晒、平整、蓄水灌溉（或者利用冬季雪墒）、施足基肥等工作。夏茬地和休闲地要伏耕晒垡、结合翻地施入有机肥和化肥，耕地深度一般要求 27~28 厘米，以利扩展根系、蓄水保墒。冬季积雪厚，开春化雪慢，早春用机械破雪促进融化，力争适期早播增产。如冬前整地质量差、土块较大的地块，在早春土壤刚解冻时，用平土器等带雪"顶凌平地"，消灭坷垃，碎土保墒，有利播种出苗。

施足基肥是春小麦丰产的物质基础。根据土壤肥力状况和产量指标确定用肥数量和种类。磷肥和氮肥作基肥的用量一般占施肥总量的 70% 和 50%。春小麦滴灌和地面灌相比，基肥中的磷肥比例应适当加大，而氮肥比例应适当减少。以增加在生育期滴肥的数量和比例，水肥结合，提高肥效，有利加强对苗情和群体的及时调控。

（2）播种期　适期早播是春小麦增产的关键措施。在适期范围内，在保证播种质量的基础上，播种早，则产量高、品质好，效益增加。

（3）播种量　小麦滴灌栽培播种量比地面灌应降低 10%~

15%。滴灌春麦，亩播种量虽然减少，而基本苗却增加，也说明种滴灌小麦应改变过去一些单位大播种量的做法，要合理密植、培育壮苗、提高麦苗素质，建立优良群体，更有利创高产。

（4）滴水出苗

① 原墒播种。早春底墒充足（冬前灌水或雪墒充足）的麦田应充分利用原墒播种出苗，播种和辅管等作业一次完成，其管带布置方式和冬小麦基本相同。底墒不足或需要补墒出苗的麦田，播种后应及时将田间支（辅）管毛管布置好、连接好，滴（补）水出苗。

② 滴水出苗。临冬前麦田未准备的或者土壤墒情不足的麦田，播后要及时滴水出苗。每亩滴水量为 70～80 米³，滴水要均匀，促使麦苗生长整齐、健壮。

（5）施种肥　若播种时未能施种肥的麦田，滴（补）出苗水时应带好种肥，培育壮苗。种肥每亩用量一般为尿素 3～4 千克，加磷酸二氢钾 1～2 千克。肥水应滴施均匀，确保麦苗生长整齐。

2. 春小麦滴灌栽培田间管理技术

春小麦生育期田间管理措施，在滴施肥水方法和程序方面和冬小麦相比，有许多共同之处，但在时间、数量和作用方面，有不同的特点。

（1）苗期　3 叶期应做好肥水管理，土壤持水量应保持在70%～75%，一般麦苗均应滴水施肥。每亩滴水 30～35 米³，施尿素 2～3 千克、磷酸二氢钾 1～2 千克。若土壤水肥充裕，苗足苗壮，为防止无效分蘖过多、群体过大，也可暂时不滴施水肥，稍后待 5 叶龄期，即生理拔节时再多滴水肥。

（2）拔节期　小麦拔节期至抽穗前，一般麦田需要滴施水肥2～3 次，每次每亩滴水 30～40 米³，施尿素 3～4 千克、磷酸二氢钾 2～3 千克。拔节期弱苗滴施水肥应适当提前，旺苗和壮苗应适当延后。在小麦拔节期滴施水肥之前，麦田若有田旋花等阔叶杂草生长，应先喷施二甲四氯（或 2，4-D-丁酯）灭草。对群体中的旺苗，起身拔节前应喷施矮壮素，控制基部第一、第二节间伸长，防止中后期倒伏减产。

（3）孕穗期　春小麦孕穗期是小麦生育期叶面积系数最大的时期。该时期施水肥一般应保持 2 次，每次每亩滴水 35～40 米³，施尿素 3～4 千克、磷酸二氢钾 2～3 千克。该时期除需氮肥外，需磷肥也很迫切，不可不施。小麦孕穗之前若有蚜虫、蓟马等为害，在抽穗之前如用飞机喷施叶面肥时，在肥液中应加放药剂，可兼防病虫害及干热风。

（4）灌浆成熟时期　滴灌春小麦后期田间管理的主要任务是养根、护叶、保粒数、增粒重。田间持水量随着小麦灌浆成熟的进程由 80％逐渐降低到 65％～70％。这一期间，滴施水肥一般需要 2～3 次，每次每亩滴水 35～40 米³，施尿素 2～3 千克、磷酸二氢钾 1～3 千克。视植株生长情况，最后一水一般不再滴肥。

第二节
玉米水肥一体化技术应用

我国玉米常年种植面积为 2700 万公顷左右，其栽培面积和总产量均居世界第 2 位，集中分布在从东北经华北走向西南这一斜长形地带内，其种植面积占全国玉米面积的 85％。在内蒙古、吉林、黑龙江、新疆等地玉米水肥一体化面积已超过 700 万亩，亩产由500 千克提高到 800 千克，增产 60％。

一、玉米需水规律与灌溉方式

1. 玉米需水规律

玉米各生育期的需水量是两头小、中间大。玉米不同生育期的水分需求特点是出苗到拔节期，植株矮小，气温较低，需水量较小，仅占全生育期总需水量的 15％～18％；拔节期到灌浆期，玉米生长迅速，叶片增多，气温也升高，蒸腾量大，因而要求较多的水分，占总需水量的 50% 左右，特别是抽雄穗前后 1 个月内，缺水对玉米生长的影响极为明显，常形成"卡脖旱"；成熟期玉米对水分需求略有减少，此时需水量占全生育期总需水量的 25%～30%，此时缺水，会使籽粒不饱满，千粒重下降。

2. 玉米灌溉方式

玉米是适宜用水肥一体化的粮食作物，可用滴灌、膜下滴灌、微喷带、膜下微喷带和移动喷灌等多种灌溉模式。如采用滴灌，一般两行玉米一条管，行距 40 厘米，两条滴灌管间间隔 90 厘米，每亩用管量约 740 米。滴头间距 30 厘米，流量 1.0～2.0 升/小时，则每株玉米每小时可获得 840 毫升的水量。

二、华北地区夏玉米水肥一体化技术应用

1. 精细整地，施足底肥

播种前整地起垄，宽窄行栽培，一般窄行为 40～50 厘米，宽行 60～80 厘米。灭茬机灭茬或深松旋耕，耕翻深度要达到 20～25 厘米，做到上实下虚，无坷垃、土块，结合整地施足底肥，及时镇压，达到待播状态。一般每亩施腐熟有机肥 1000～2000 千克、磷酸二铵 15～20 千克、硫酸钾 5～10 千克或者用复合肥 30～40 千克作底肥施入。采用大型联合整地机一次完成整地起垄作业，整地效果好。

2. 铺设滴灌管道

根据水源位置和地块形状的不同，主管道铺设方法主要有独立式和复合式两种。独立式主管道的铺设方法具有省工、省料、操作简便等优点，但不适合大面积作业；复合式主管道的铺设可进行大面积滴灌作业，要求水源与地块较近，田间有可供配备使用动力电源的固定场所。

支管的铺设形式有直接连接法和间接连接法两种。直接连接法投入成本少，但水压损失大，造成土壤湿润程度不均；间接连接法具有灵活性、可操作性强等特点，但增加了控制、连接件等部件，

一次性投入成本加大。支管间距离在 50～70 米的滴灌作业速度与质量最好。

3. 科学选种，合理增密

地膜覆盖滴灌栽培，可选耐密型、生育期比露地品种长 7～10 天、有效积温达 150～200℃的品种。播前按照常规方式进行种子处理。合理增加种植密度，用种量要比普通种植方式多 15%～20%。

4. 精细播种

当耕层 5～10 厘米地温稳定达到 8℃时即可开犁播种。用厚度 0.01 毫米的地膜，地膜宽度根据垄宽而定。按播种方式可分为膜上播种和膜下播种两种。

（1）膜上播种 采用玉米膜下滴灌多功能精量播种机播种，将铺滴灌带、喷施除草剂、覆地膜、播种、掩土、镇压作业一次完成，其作业顺序是铺滴灌带→喷施除草剂→覆地膜→播种→掩土→镇压。

（2）膜下播种 可采用机械播种、半机械播种及人工播种等方式，播后用机械将除草剂喷施于垄上，喷后要及时覆膜。地膜两侧压土要足，每隔 3～4 米还要在膜上压一些土，防止风大将膜刮起。膜下播种应注意及时引苗、掩苗：当玉米普遍出苗 1～2 片时，及时扎孔引苗，引苗后用湿土掩实苗孔；过 3～5 天再进行 1 次，将晚出的苗引出。

5. 加强田间管理

玉米膜下滴灌栽培要经常检查地膜是否严实，发现有破损或土压不实的，要及时用土压严，防止被风吹开，做到保墒保温。按照玉米作物需水规律及时滴灌（表 7-1）。

（1）滴灌灌溉 设备安装调试后，可根据土壤墒情适时灌溉，每次灌溉 15 亩，根据毛管的长度计算出一次开启的“区”数，首部工作压力在 0.2 兆帕（2 个压力）内，一般 10～12 小时灌透，届时可转换到下一个灌溉区。

表 7-1　河南省夏玉米节水高效灌溉制度及产量水平

分区	水文年份	灌水定额/(米³/亩)					灌溉定额/(米³/亩)
		播前	苗期	拔节	抽雄	灌浆	
豫北平原	湿润年				70		70
	一般年		50		70		120
	干旱年	50		60	70		180
豫中、豫东平原	湿润年				60		60
	一般年		50		60		110
	干旱年	50		60	60		170
豫南平原	湿润年				50		50
	一般年		50		50		100
	干旱年	50		50	50		150
南阳盆地	湿润年				50		50
	一般年		45		50		95
	干旱年	50		60	50		160

(2) 追肥　根据玉米需水需肥特点，按比例将肥料装入施肥器，随水施肥，防止后期脱肥早衰，提高水肥利用率。应计算出每个灌溉区的用肥量，将肥料在大的容器中溶解，再将溶液倒入施肥罐中。

(3) 化学措施控制　因种植密度大、温度高、水分足，植株生长快，为防止植株生长过高引起倒伏，在 6～8 片展叶期要采取化控措施。

(4) 适当晚收　为使玉米充分成熟、降低水分、提高品质，在收获时可根据具体情况适当晚收。

6. 清除地膜、收回及保管滴灌设备

人工或机械清膜，并将滴灌设备收回，清洗过滤网。主管、支管、毛管在玉米收获后即可收回。

三、东北地区春玉米水肥一体化技术应用

1. 播种前的准备

（1）优良品种的选用　建议地膜滴灌田玉米选用生育期为126～128天、正常种植密度每亩为3500～4000株的品种。密植品种靠群体增产，一定要达到种植密度才能获得高产。

（2）选地　选地势平坦肥沃、土层较深厚、排水方便的田地，土壤以壤土或砂壤为宜，排水方便的轻盐碱地亦可。坡地坡度在15°以内，必须具有保水保肥的能力，陡坡地、沙石土、易涝地、重盐碱地等都不适于覆膜滴灌种植。

（3）整地　要求适时翻耕，地面要整细整平，清除根茬、坷垃，做到上虚下实，能增温保墒。精细整地后结合每亩施用适量优质有机肥1000～1500千克，按测土配方施入适量化肥。没有采用测土的地块一般每亩施入磷酸二铵8～10千克、尿素5～7千克、硫酸钾7～10千克、硫酸锌1千克。

（4）起垄　膜下滴灌系统一般采用大垄双行种植，一般垄高10～12厘米，垄底宽130厘米，垄顶宽85厘米，即将原来60～65厘米的两行垄合并成一条垄。起垄的同时深施底肥，每条大垄上施两行肥，两行施肥口的间距40～50厘米，起垄后镇压。施肥方法为每沟施肥成65厘米新垄后把两垄合成一大垄。

2. 覆膜与铺设滴灌带

（1）覆膜与铺设滴灌带方式　覆膜与铺设滴灌带的方式有两种：一种是机械覆膜和铺设滴灌带同时进行，滴灌带先置于膜下，也可用专门播种机将覆膜、铺设滴灌带、播种同时进行；另一种是人工覆膜、铺设滴灌带、播种同步进行。覆膜、铺设滴灌带是将带、膜拖展，紧贴地面铺平，将四周用土压平盖实，将滴灌带两端系扣封死。视风力大小，每2～3米压一道腰土以防风鼓膜。

（2）覆膜与铺设滴灌带规格　铺带、覆膜拉紧埋实，一般两膜中间距为115～130厘米，开沟间距比地膜窄15～20厘米，以便压

膜，覆盖要顺风，边覆边埋，拉紧埋实，同时压好腰土。

（3）病虫草害的防治及抗倒伏措施　为防春季低温烂种和地下害虫，可采用相应的种衣剂（应该选择含有戊唑醇或烯唑醇的种衣剂防治丝黑穗）对种子进行包衣处理；盖膜前要进行化学除草，选用广谱性、低毒、残效期短、效果好的除草剂。一般用阿乙合剂，即每亩用40%的阿特拉津胶悬剂200～250克加乙草胺300克，也可以用进口的拉索及施田外，兑水40千克喷施，进行全封闭除草，边喷边覆膜。对特殊病虫害及倒伏应采取相应防止措施（玉米螟等）。

（4）足墒覆膜铺带　铺带时要保证土壤含水量占田间持水量的60%以上，不足时可铺带覆膜后立即进行灌溉，或者覆膜前进行灌溉，或待降雨8～10毫米以上时方可进行覆盖。

3. 播种

（1）播种方法　一是先播种后铺带、覆膜。用机械、畜力播种，开沟播种覆土后要保证苗眼处于膜下2～3厘米处，以防出苗后地膜烫苗。然后及时在播种行两侧各开一沟，同时铺带，带铺在垄中间，膜边放入沟内压埋实。二是先覆膜铺带后播种，机械一次性在起好的垄上覆膜铺带。在膜上按照株距要求打播种孔，孔深5厘米，每孔下籽，用湿土盖严压实。也可用专门机械将覆膜、铺带、播种、喷药等一次性完成。

（2）破膜放风和抠苗　对先播种后覆盖的田地要及时破膜放风和抠苗，时间在出苗50%以上时第一次抠苗，当出苗达到90%以上时第二次抠苗定植，原则是留大压小、留强压弱。放苗孔要小，放苗后及时封严。第二次抠苗定植后3～5天要查苗补抠，把后出苗的植株再次定植。此外还要看苗追肥，追肥方法可利用施肥罐边灌水边施肥，水肥同时滴入田间，也可在膜面打孔穴施，或在膜侧开沟追肥，确保养分供给。

4. 玉米膜下滴灌灌溉制度

作物的灌溉制度随作物种类、品种、自然条件及农业技术措施不同而变化。因此，制定灌溉制度需根据当地的具体情况，充分总结群众的生产灌溉经验，参考灌溉试验资料，遵循水量平衡原则进行制定。

（1）玉米生长期的灌溉

① 底墒水。提供种子发芽到出苗的适宜土壤水分是解决能否苗全苗壮的关键，采用早春覆膜前灌溉保湿覆膜或盖膜后滴灌的方式均可。确保田地在播种前有适宜的水分含量，灌溉水量以 25～30 米³/亩为宜。如播后灌溉应该严格掌握灌水量，不要过多，以免造成土温过低从而影响出苗。

② 育苗水。玉米苗期的需水量并不多，以土壤含水量占田间水量的 60% 为宜，低于 60% 时必须进行苗期灌溉。灌水定额为 15～20 米³/亩。蹲苗一般开苗后开始，至拔节前结束，持续时间 1 个月左右，是否需水灌水，具体应根据品种类型、苗情、土壤墒情等灵活掌握。蹲苗期间中午打绺、傍晚又能展平的地块不急于灌水。如果傍晚叶子不能复原应灌 1 次保苗水。

③ 拔节期孕穗水。拔节孕穗期期间土壤水分将至田间持水量的 65% 以下时应即时灌水，使植株根系生长良好、茎秆粗壮，有利于幼穗的分化发育，从而形成大穗，拔节初期灌溉时，灌水定额应控制在 20～30 米³/亩。

④ 灌浆成熟水。抽穗开花期是作物生理需水高峰期。发现缺水要及时补充灌溉。根据实践总结和研究表明，灌浆期进入籽粒中的养分，不缺水比缺水的可增加 2 倍多。

（2）灌水时间的判断　掌握灌水时间，使作物充分利用土壤的天然降水，是节水减能、高产丰收的关键环节。为使作物不致因缺水受旱而减产，应在缺水之前补充灌水，适时灌溉。

① 根据季节、防雨、天气等情况确定是否进行灌水。春季雨少、风多、大气干燥、底墒不足，需要灌溉。由于膜下灌墒具有较好的保水保墒性能，在炎热季节，气温高、大气干燥、田间水分蒸发快，一般有 15～20 天不降透雨，作物就需要灌水。作物生育后期，有时从生理上看并不缺水，但是为了预防霜冻等灾害也应该及时灌水。

② 看土。在没有测量设备的情况下，直观上很难掌握不同类型土壤的湿润程度。当土层内的土壤攥后放开成团为湿润；摇后松开就散裂的，应视为干旱，应进行灌水。

③ 看苗。是否需要灌溉主要看作物生长状况，以作物的发育状况为主要依据。当作物缺水时，幼嫩的茎叶因水分供给不上先行枯萎，株体生长速度明显放缓。当出现上述现象时要及时灌水。当叶片发生变化，如中午高温打绺、夜晚不能完全展开的应及时灌水。

④ 灌水次数根据不同水文年份而定（实际情况）。一般中旱年（70%频率年）可灌 4 次，玉米主要在拔节、孕穗、抽雄、灌浆期灌水；大旱年（90%频率年）应灌 5 次水，玉米在苗期、拔节、孕穗、抽雄、灌浆期灌水。

四、西北地区春玉米水肥一体化技术应用

1. 主要技术指标

（1）目标产量　1100～1200 千克/亩。

（2）株行配置　采用地膜覆盖技术，平均行距 45～50 厘米，株距 25 厘米。

（3）产量结构　留苗密度 5200～5500 株/亩，收获株数 4800～5000 株，平均粒数 650～750 粒/穗，平均穗粒重 240～280 克，千粒重 330～350 克。

（4）土壤肥力指标　土壤有机质含 1 克/千克以上，速效氮＞100 毫克/千克，速效磷＞10 毫克/千克，速效钾＞250 毫克/千克，耕层总含盐量在 0.20% 以下。

（5）施肥指标　施优质有机肥 2000 千克/亩以上，化肥总量 60～65 千克/亩，其中尿素 36～40 千克/亩、磷肥 18～20 千克/亩、磷酸二氢钾 3 千克/亩。沙土地增施钾肥 5 千克/亩，缺锌土壤施锌肥 1.5 千克/亩。

2. 播前准备

（1）种子准备　选择优质、高产、株型紧凑的玉米品种。使用

杂交一代种子，要求种子纯度 98％、净度 98％、发芽率 95％以上、含水量小于 14％。

（2）整地施肥　前茬收获后，及时秋翻冬灌，结合犁地施优质农家肥 2000～3000 千克/亩、磷肥 13～15 千克/亩、尿素 5～8 千克/亩、锌肥 1.5 千克/亩、钾肥 5 千克/亩，深翻入土，全耕层施入作基肥，整地质量达到"墒、平、松、碎、齐、净"六字标准，为玉米一播全苗奠定基础。

（3）滴灌材料准备　壤土应选择滴头流量为 2.2～2.6 升/小时、滴头间距 0.3 米、质量合格的滴灌带，用量 800～850 米/亩。

3. 播种

（1）晒种　播前晒种 2～3 天，促进种子后熟，降低含水量，增强种子的生活力和发芽能力。

（2）播期　当土壤 5 厘米地温稳定在 10～12℃时，即可播种，一般在 4 月 10～20 日播种为宜。

（3）播种方法　可采用宽膜和窄膜两种方式播种，窄膜 1 膜 1 带，宽膜 1 膜 2 带。播量 3.0～3.5 千克/亩，播深 4～5 厘米，带磷肥 4～5 千克/亩作种肥。

4. 田间管理

（1）滴灌系统连接　播种结束后，及时组织农民将地头滴灌带打结或浅埋入土，组织专业人员尽快铺设滴灌支管、副管，连接毛管。支管布局按照地面坡降大小和水源水量压力来计算，合理布局。出苗前，由专业人员负责开机井试水、试压，检查滴灌管网是否能正常运行，管带接头是否漏水，发现问题及时解决。

（2）苗期管理　幼苗出土后，及时放苗、查苗、补种，凡漏播、缺种的要及时补种，确保全苗、苗壮。

（3）中耕除草　为了提高地温、消灭膜间杂草、改善土坡通透性，从现形起立即中耕，一般苗期中耕 2～3 遍，中耕浓度 8～15 厘米，逐次加深。田间作业时注意保护滴灌设施。

（4）间苗定苗　地膜玉米在 3～4 片叶时进行定苗，缺苗处可留双株。去杂留真，去弱细苗与病苗留壮苗，去苗要彻底，避免重发，以减少养分消耗。

5. 水肥管理

玉米是需水肥较多的作物，在生育期间应根据土坡、气候，不同时期的需水、需肥规律进行管理。全生育期滴水 8～9 次，总量 240～280 米^3/亩。

（1）出苗水　视土壤墒情而定，墒不足不能正常出苗的地块应立即滴水，水量 10～15 米^3/亩，以两种孔水印相接为宜。

（2）一水　6 月中旬蹲苗结束后进行，水量 40 米^3/亩左右。随水滴施尿素 5 千克/亩。

（3）二水　6 月下旬，水量 40 米^3/亩。随水滴施尿素 8 千克/亩、磷酸二氢钾 1 千克/亩。

（4）三水　7 月上旬，在玉米抽雄期进行，水量 40 米^3/亩。随水滴施尿素 5 千克/亩、磷酸二氢钾 1 千克/亩。

（5）四水　7 月中旬，在玉米灌浆期进行，水量 40 米^3/亩。随水滴施尿素 5 千克/亩、磷酸二氢钾 1 千克/亩。

（6）五水　7 月下旬，在玉米灌浆后期进行，水量 30 米^3/亩。随水滴施尿素 5 千克/亩。

（7）六水　8 月上旬，在玉米乳熟后期进行，水量 30 米^3/亩。随水滴施尿素 5 千克/亩。

（8）七水　8 月中旬，在玉米乳熟后期进行，水量 30 米^3/亩。

（9）八水　8 月下旬，在玉米腊熟期进行，水量 30 米^3/亩。

6. 适时收获

玉米成熟后，及时收获、晾晒，降低籽粒含水量。当玉米苞叶发黄时，适时收获。

五、华南地区甜玉米水肥一体化技术应用

1. 育苗

通过育苗盘或育苗杯育苗，适用泥炭、椰糠或树皮等作为育苗

基质，也可以选用含有机质和营养成分丰富的塘泥、菜园土作为育苗基质。将基质打碎，装入育苗盘或是育苗杯，用手指轻轻将种子压入其中，淋足水。

2. 整地及铺管

将大土块整成小碎土，然后起垄。垄宽 1 米，沟宽 0.3 米，垄高 0.2 米，垄顶宽 0.6～0.7 米。选择滴头间距 30 厘米、流量为 1.38 升/小时的薄壁滴灌带，将滴灌带铺设在垄面的正中间。

3. 移栽

玉米苗 3～4 叶时移栽，每垄种植两行，行距为 25 厘米，株距为 50 厘米。

4. 水分管理

移栽后马上滴定根水，第一次滴水要滴透，直到整个垄面湿润为止。根据土壤干湿情况定期灌溉，当用手抓捏土壤成团或可以搓成条时，表示土壤不缺水。整个甜玉米生长期间保持土壤均衡湿度。田间经常检查滴灌带是否有破损，及时维修。

5. 施肥管理

整地时每亩基施生物有机肥 200 千克、过磷酸钙 50 千克、农用磷酸一铵 15 千克。甜玉米的目标产量为每亩 1700 千克（鲜穗产量），计划追尿素 30 千克、白色粉状氯化钾 30 千克、硫酸镁 10 千克，分 12 次施入土壤中，约每周施 1 次肥，苗期和成熟前量少一些，其他时间量多一些，每次每亩施肥量在 3～7 千克。施肥时，先将肥料倒入肥料池溶解，然后再通过泵将肥料吸入管道，随水一起施入玉米的根部。玉米的根系主要分布在土壤的 0～30 厘米，尽量将滴水肥的时间控制在 2 小时之内，以免滴灌时间过长将肥料淋失。甜玉米生长期喷 2～3 次含微量元素的叶面肥。

华南地区主要种植甜玉米，大部分在平整的田块种植，可采用普通的滴灌管或微喷带。一般要与其他作物轮作，采用移动式系统方便拆卸。输水管建议用涂塑软管。没有电力供应的地方，建议用柴油机或汽油机水泵。

六、西北地区制种玉米水肥一体化技术应用

表 7-2 是按照微灌施肥制度的制定方法，在甘肃省栽培经验基础上总结得出的制种玉米膜下滴灌施肥制度。

表 7-2　制种玉米膜下滴灌施肥制度

生育时期	灌溉次数	灌水定额 /[米³/(亩·次)]	每次灌溉加入的纯养分量/(千克/亩)				备注
			N	P_2O_5	K_2O	$N+P_2O_5+K_2O$	
春季	1	225	0	0	0	0	沟灌
定植	1	18	0	0	0	0	滴灌
拔节	2	18	2.3	0	0	2.3	滴灌
抽雄	2	18	4.6	0	0	4.6	滴灌
吐丝	1	20	4.6	0	0	4.6	滴灌
灌浆	3	18	4.6	0	0	4.6	滴灌
蜡熟期	1	18	0	0	0	0	滴灌
合计	11	413	37.1	9	6	52.1	

应用说明如下。

① 本方案适宜于西北干旱地区，土壤为灌漠土，土壤 pH 值为 8.1，有机质、有效磷含量较低，速效钾含量较高。种植模式采用一膜一管二行，不起垄，行距 110 厘米（窄行 40 厘米，宽行 70 厘米），株距 25 厘米，保苗 4800 株，目标产量 650 千克/亩。

② 春季（3 月 20～25 日）灌底墒水 225 米³/亩，起到保墒洗盐作用。

③ 播种前施基肥，每亩施农家肥 3000～4000 千克，另施氮肥（以 N 计）21 千克、磷肥（以 P_2O_5 计）9 千克和钾肥（以 K_2O 计）6 千克，化学肥料可选用尿素 24 千克/亩、硫酸钾玉米专用肥复合肥（10-9-6）100 千克/亩。

④ 在玉米拔节、抽雄、吐丝、灌浆期分别滴灌施肥 1 次，肥料品种可选用尿素，用量分别是 5 千克/亩、10 千克/亩、10 千克/亩、10 千克/亩，其他期滴灌时不施肥。

⑤ 参照灌溉施肥制度表提供的养分数量，可以选择其他的肥料品种组合，并换算成具体的肥料数量。

第三节
马铃薯水肥一体化技术应用

马铃薯熟称土豆，属茄科属一年生草本植物，其块茎可供食用，是重要的粮食、蔬菜兼用作物。我国是世界马铃薯主产国之一，2016 年我国马铃薯种植面积达到 8000 万亩，是世界上马铃薯种植面积最大的国家。目前马铃薯水肥一体化技术已列入国家主粮战略，2020 年种植面积将达到 1 亿亩。

一、马铃薯需水规律与灌溉方式

1. 马铃薯需水规律

马铃薯的需水量因气候、土壤、品种、施肥量及灌溉方法不同而异，如栽培在肥沃的土壤上，每生产 1 千克块茎耗水 97 千克，而栽培在贫瘠的沙质土上，则需要耗水 172.3 千克。至于每亩地空间需水多少，主要依产量指标来定。根据蒸腾量的计算，每生产 1 千克鲜薯需耗水 100～150 千克。一般情况下，每亩产块茎若为 1000～1500 千克，则每亩有 150～200 吨水即可满足需求。

从各生育期需水量来看，幼苗期（出苗至现蕾）需水少，占全生育期总需水量的 10% 左右；块茎形成期（多数品种为现蕾至开花期）需水量约占 30%，是决定块茎数目多少的关键时期；块茎增长期（多数品种为盛花至茎叶开始衰老）需水量占 50% 以上，是决定块茎体积和重量的关键时期，需水量最多，对土壤缺水最敏感；淀粉积累期（多数品种为终花期至茎叶枯萎）需水量占 10%

左右。从马铃薯的需水规律来看，需要关注的是幼苗期、块茎形成期和块茎增长期。

　　传统的马铃薯"大水大肥"栽培习惯常存在以下问题：过量灌溉时易引起马铃薯烂根、薯块腐烂；灌溉不足时可能使植株生长、薯块膨大受到影响；施肥并非按照马铃薯的营养规律进行，前期大量施肥，马铃薯吸收不完全，肥料流失严重；马铃薯需肥高峰期却恰值封行无法追肥。

2. 马铃薯灌溉方式

　　目前，灌溉效果较好的节水灌溉方法是喷灌和滴灌。喷灌灌水均匀，少占耕地，节省人力，但受风影响大，设备投资高。滴灌节水效果最好，主要使根系层湿润，可减少马铃薯冠层的湿度，降低马铃薯晚疫病发生的机会，与喷灌相比节省开支。用于水肥一体化技术的主要是滴灌。采用"水肥一体化"栽培技术对马铃薯进行施肥，可有效地减少以上问题。与常规灌溉（淋灌）相比，水肥一体化技术可节水 47.2%，并能提高马铃薯产量 2.2%～4.4%，增加收入 271.42～661.56 元/亩，增幅 10.9%～26.5%；实行水肥一体化技术栽培的马铃薯，肥料用量以比常规施肥水平减少 40%～60%为宜（图 7-4）。

图 7-4　马铃薯滴灌水肥一体化技术应用

二、东北地区马铃薯膜下滴灌水肥一体化技术应用

国家马铃薯产业技术体系呼和浩特综合试验站，通过进行集成抗旱品种、种薯处理技术、合理密植技术、水肥一体化膜下滴灌技术、平衡施肥技术、农机配套技术、病虫害综合防控等技术，经过多年多点试验与示范，总结提出了马铃薯膜下滴灌水肥一体化高产高效生产技术。

1. 耕翻整地

深耕土壤 35～40 厘米，耕翻时每亩施优质农家肥 1500～2000 千克，耕后用旋耕机整地，达到地平土碎的效果。

2. 选用良种

选用高产抗旱脱毒种薯，每亩 3500～3800 株，每亩用种量 140～150 千克。

3. 种薯处理

（1）催芽　播种前 10～15 天，将种薯放在 18～20℃ 的室内，3～5 天翻动 1 次，10 天左右长出 12.5～1 厘米的粗壮紫色芽后即可切块播种。

（2）切种　切块大小为 35～40 克，并要保证有 1～2 个以上健全的芽眼；切块时要用 0.5％的高锰酸钾水溶液进行切刀消毒，两把刀交替使用，及时淘汰病烂薯。

方法：51～100 克种薯，纵向一切两瓣；100～150 克种薯，纵斜切法一切三开；150 克以上的种薯，从尾部依芽眼螺旋排列纵斜向顶斜切成立体三角形的若干小块。

（3）拌种　12.5 千克 70％甲基托布津＋2.5 千克科博均匀拌入 100 千克滑石粉成为粉剂，拌 10000 千克薯块；或 24.0 千克 70％甲基托布津＋1.0 千克 72％的农用链霉素均匀拌入 100 千克滑石粉成为粉剂，拌 10000 千克薯块。拌种后不积堆。

4. 建立滴灌系统及铺设方式

(1) 滴灌系统建立　根据土壤质地、地形变化、栽植规格、水源、电力等基本情况，确定合理的管道系统，再根据有效湿润区的面积和土层深度、滴头间距、毛管大小及最大铺设长度等建立灌溉系统。如果是利用冬闲的水稻田种植马铃薯，则需采用可回收的滴灌系统，以便马铃薯收获后不影响第二年的早稻种植。通常用薄壁滴灌带，滴头间距 20～30 厘米，流量 1.0～1.5 升/小时，铺在两行马铃薯之间，放在土面上，首部可固定或移动。如果场地允许，可在田头建一泵房，将首部安装在泵房里，如果没有场地，可将柴油机水泵或汽油机水泵和过滤器组装在一起成移动式。灌溉以少量多次为原则，每次灌溉面积 5～10 亩，时间为 2～4 小时。

(2) 滴灌系统铺设方式　滴灌带南北方向铺设，滴灌带间距 85 厘米，管径 16 毫米，滴头间距 30 厘米，滴头流量 1.2～1.4 升/小时。主管道铺设应尽量放松扯平，自然通畅，不宜拉得过紧，不宜扭曲。滴灌带在马铃薯播种后由机械将垄顶刮平后铺设，第一次中耕是敷土将滴管带埋入土中，为避免滴管带压扁，此时应打开滴灌系统使滴管带处于滴水状态。

5. 适时播种

(1) 种肥　每亩施马铃薯复合肥 120 千克，磷酸二铵 20 千克。

(2) 播种方式　地膜宽 1.1 米，机械覆膜点播，覆膜后起垄占地 0.7 米宽，播种深度一般砂壤土为 20 厘米，黏土为 15 厘米。

(3) 种植密度　每亩 3500～3800 株，即大行距 130 厘米，小行距 30 厘米，株距 22～24 厘米。

(4) 播种时间　土壤 25 厘米处地温达到 8～10℃时播种，一般在 4 月下旬至 5 月上旬。

6. 田间管理

(1) 出苗前　播后要防止牲畜践踏，大风破膜、揭膜，出苗前 10 天左右要用中耕机及时进行覆土，以防烧苗；出苗期要观察放苗。

（2）浇水追肥　采用管道施肥操作上非常简单，只要将肥料（固体或液体）倒入施肥罐或肥料池，启动施肥泵，系统吸水与吸肥会同时进行，所有肥料在灌溉时由水泵吸入滴灌系统，做到施肥不下田，水、肥会随着灌溉系统运输到马铃薯根部。每种肥料最好单独施用，肥料之间不会存在相互反应，如施完尿素施氯化钾，施完硫酸镁施磷酸二铵等。施肥后保证足够的时间冲洗管道，这是防止藻类生长堵塞系统的重要措施。冲洗时间与灌溉区的大小有关，滴灌一般为15～30分钟，微喷5～10分钟。收获前，将田间滴灌管和输水管收好以备来年使用。

① 第一次滴灌。播后根据土壤墒情须滴灌补水，土壤湿润深度应控制在1厘米以内，避免浇水过多而降低地温从而影响出苗，造成种薯腐烂。第一次滴灌时，须严查各滴灌带连接是否可靠。

② 第二次滴灌。出苗前，及时滴灌出苗水，使土壤湿润深度保持在35厘米左右，土壤相对湿度保持在60％～65％。

③ 第三次滴灌。出苗后15～20天，植株需水量开始增大，应进行第三次滴灌，使土壤相对湿度保持在65％～75％，土壤湿润深度为75厘米。结合浇水进行追肥，每亩追施尿素3千克。每次施肥时，先浇1～2小时清水，然后开通施肥灌进行追肥，施完肥后再浇1～2小时清水。

④ 中期滴灌。在现蕾期、盛花期，根据土壤墒情进行滴灌2～3次，结合浇水进行追肥，每次每亩追施尿素3千克、硝酸钾3～5千克。保持土壤湿润深度40～50厘米，每次施肥时，先浇1～2小时清水，然后开通施肥灌进行追肥，施完肥后再浇1～2小时清水。

⑤ 中后期滴灌。在块茎形成期至淀粉积累期，应根据土壤墒情和天气情况及时进行灌溉。始终保持土壤湿润深度40～50厘米，土壤水分状况为田间最大持水量的75％～80％。可采用短时且频繁的灌溉方式。

⑥ 后期滴灌。终花期后，滴灌间隔的时间拉长，保持土壤湿润深度达30厘米，土壤相对湿度保持在65％～70％。黏重的土壤收获前10～15天停水。砂性土收获前1周停水。以确保土壤松软，

便于收获。

⑦ 叶面施肥。在块茎膨大期、淀粉积累期用磷钾肥各喷打 1 次，用量 100 克/亩；在现蕾期、开花期、末花期各喷施多元微肥 1 次，每次用量 200 克/亩。

7. 杀秧收获

杀秧前要及时拆除田间滴灌管和横向滴灌支管。可用杀秧机机械杀秧。机械杀秧或植株完全枯死 1 周后，选择晴天进行收获。尽量减少破皮、受伤，保证薯块外观光滑，提高商品性。收获后薯块在黑暗下储藏以免变绿，影响食用和商品性。

三、西北地区马铃薯滴灌水肥一体化技术应用

1. 地块选择

马铃薯不适合连作，种植马铃薯的地块要选择上 1 年没有种植过马铃薯或茄科作物的地块。马铃薯与水稻、玉米、麦类等作物轮作效果较好。马铃薯生长需要 15~20 厘米的疏松土层，整地时一定要将大的土块破碎，使土壤颗粒大小适中。有机肥可以在整地时施入并混合均匀。当用化肥作为基肥且施肥量较大时，可在整地时施入，否则在播种时将肥料集中施在播种沟内或播种穴内。

2. 播种时期

确定马铃薯播种时期的重要条件是生育期的温度，原则上要使马铃薯结薯盛期处于平均温度 15~25℃的条件下。适于块茎持续生长的这段时间愈长，产量也愈高。一般当土壤 10 厘米深处温度稳定在 7~8℃时就可以播种。

3. 播种深度

播种深度受土壤质地、土壤温度、土壤含水量、种薯大小与生理年龄等因素的影响。当土壤温度低、土壤含水量较高时，应浅播，盖土厚度 3~5 厘米。土壤温度较高、土壤含水量较低，应深播，盖土厚度 10 厘米左右。种薯较大时应适当深播，而种植微型

薯等小种薯时应适当浅播。老龄种薯应在土壤温度较高时播种,并比生理壮龄的种薯播得浅一些。土壤较黏时,播种深度应浅些;土壤砂性较强时,应适当深播一些。

4. 种薯准备

(1) 种薯选择 马铃薯的休眠期一般为 2～3 个月,但同一品种的微型薯休眠期长于普通种薯的休眠期。一般用生理壮龄的块茎播种,才能做到出苗快、出苗整齐、根系发达、叶面积发展快、产量高。

(2) 切薯 种薯块茎较大时,通过切种可以节省大量种薯,提高繁殖系数。切块时应使用刀口锋利的刀具,最好每人准备两把刀具进行切块。切块的大小以 35～45 克为宜,每个切块必须带 1～2 个芽眼。切块时应尽量切成小立方块,切忌切成小薄片。50 克左右的小种薯可从顶芽密集处垂直切下,一切为二,每块所带芽眼相近。由于大块茎的芽眼呈螺旋状分布,因此也可以按螺旋状块茎切块。30g 以下的小种薯不用切块。

5. 催芽

催芽是马铃薯高产栽培种的一项重要措施,能保证种薯生理年龄达到壮龄,萌发的芽长度适当、强壮。播前催芽或以促进早熟,提高产量。催芽过程中可淘汰烂薯,减少播种后病株率或缺苗断垄,有利于全苗壮苗。催芽方法主要有变温处理、赤霉素处理、硫脲处理、二硫化碳处理、溴乙烷处理等。无论是自然通过休眠还是用以上方法打破休眠的种薯,达到生理壮龄时再播种才能取得理想的效果。

6. 播种密度

一般情况下,如在春季种植,种薯生产的播种密度应当在每亩 5000 株以上;早熟品种的播种密度应当在每亩 4000～5000 株之间;晚熟品种的播种密度以每亩 3000～3500 株为宜。

7. 建立滴灌系统及铺设方式

(1) 滴灌系统建立 根据土壤质地、地形变化、栽植规格、水源、电力等基本情况,确定合理的管道系统,再根据有效湿润区的面积和土层深度、滴头间距、毛管大小及最大铺设长度等建立灌溉系统。通常用薄壁滴灌带,滴头间距 20～30 厘米、流量 1.2～1.5 升/小时,铺在两行马铃薯之间,放在土面上,首部可固定或移动。田间建一泵房,将首部安装在泵房里,灌溉以少量多次为原则,每次灌溉面积为 6～8 亩,时间为 2～3 小时。

(2)滴灌系统铺设方式 滴灌带沿南北方向铺设,滴灌带间距 85 厘米,管径 16 毫米,滴头间距 30 厘米,滴头流量 1.3～1.5 升/小时.管道铺设同东北地区马铃薯膜下滴灌水肥一体化技术应用。

8. 水肥管理

表 7-3 是按照微灌施肥制度的制定方法,在甘肃省栽培经验的基础上总结得出的马铃薯滴灌施肥制度。

表 7-3 马铃薯膜下滴灌施肥制度

生育时期	灌溉次数	灌水定额/[米³/(亩·次)]	每次灌溉加入的纯养分量/(千克/亩)				备注
			N	P_2O_5	K_2O	$N+P_2O_5+K_2O$	
4 月中旬	1	50	0	0	0	0	沟灌
苗期—开花	3	9	2.3	0	0	2.3	滴灌
开花—膨大期	6	11	2.3	0	0	2.3	滴灌
膨大期—采收	3	12	0	0	0	0	滴灌
合计	13	229	26.1	15.9	5	47	

应用说明如下。

① 本方案适宜于西北地区马铃薯的栽培,砂壤土壤 pH 值为 8.2,有机质、碱解氮含量较低,土壤磷素和钾素含量为中等水平。马铃薯覆膜垄作,垄宽 85 厘米,沟宽 45 厘米,每亩定植 4500～5000 株,目标产量 2300～2500 千克/亩。

② 4 月中旬灌 1 次底墒水，沟灌水量 50 米³/亩。

③ 起垄前施基肥，每亩施农家肥 2000～3000 千克，另施氮肥（以 N 计）21.5 千克、磷肥（以 P_2O_5 计）15.9 千克和钾肥（以 K_2O 计）5 千克。化学肥料可选用尿素 25 千克/亩、过磷酸钙 35 千克/亩、硫酸钾复合肥（10-10-5）100 千克/亩、硫酸锌 1 千克/亩、硫酸锰 1.5 千克/亩。

④ 苗期—开花期灌水 3 次，中期 1 次滴灌施肥，肥料品种可选用尿素 5 千克/亩；开花—膨大期灌水 6 次，其中中期滴灌施肥 1 次，肥料品种可选择尿素 5 千克/亩。

⑤ 参照灌溉施肥制度表提供的养分数量，可以选择其他的肥料品种组合，并换算成具体的肥料数量。西北地区土壤 pH 值偏高，钾肥要选用硫酸钾，不要使用含氯化肥。

⑥ 适合于"水肥一体化"技术的肥料应满足如下要求：肥料中养分浓度较高；在田间温度条件下完全或绝大部分溶于水；含杂质少，不会阻塞过滤器和滴头。常用的有尿素、磷酸一铵和磷酸二铵（结晶态）、白色粉状氯化钾、硫酸钾、硝酸钾、硝酸钙、硫酸镁等。颗粒状复合肥不宜用于管道施肥，需用水溶性粉装复合肥。鸡粪沤腐后的沼液通过过滤系统也可用于滴灌系统。

9. 收获

马铃薯当植株生长停止、茎叶大部分枯黄时，块茎很容易与匍匐茎分离，周皮变硬，相对密度增加，干物质含量达最高限度，即为食用块茎的最适收获期，利用块茎应提前 5～7 天收获，以减轻生长后期高温的不利影响，提高种性。另外，秋末早霜或雨季来临或轮作安排，虽然块茎尚未达到生理成熟，但也不得不早收。作种用块茎应提前 1 周左右收获，以减轻生长后期不利气候的影响，收获前应选择晴天，先刈割茎叶和清除田间残留的枝叶，以免病菌传播。收获时，应避免损伤薯块，以及避免块茎在烈日下暴晒，以免引起芽眼老化和形成龙葵碱毒素，降低品质。

第四节
大豆水肥一体化技术
应用

　　大豆，又名青仁乌豆、黄豆、泥豆、马料豆、秣食豆，属于双子叶植物网、豆目、蝶形花亚科、大豆属，是一年生或多年生草本植物。大豆既是重要的粮食作物，又是重要的油料作物，在我国农业生产和社会经济生活中都占有相当重要的地位。

一、大豆需水规律与灌溉方式

1. 大豆需水规律

　　大豆是需水较多的作物，平均每株大豆生育期内需水 17.5～30 千克，每形成 1 克干物质消耗水分 600～750 克。大豆在不同生长阶段耗水量差异很大，土壤水分含量过低或过高，都会影响大豆的正常生长。

　　(1) 播种期　大豆籽粒大，蛋白质和脂肪含量高，发芽需要较多的水分，吸水量相当于自身重量的 120%～140%。此时土壤含水量 20%～24% 较为适宜。

　　(2) 幼苗期　根系生长较快，茎叶生长较慢，此时土壤水分可以略少一些，有利于根系深扎。大豆幼苗期耗水量占整个生育期的 13% 左右。此期间以土壤湿度 20%～30%、田间持水量 60%～65% 为宜。

　　(3) 分枝期　该阶段是大豆茎叶开始繁茂、花芽开始分化的时期，若此时水分不足，会影响植株的生长发育；水分过多，又容易造成徒长。此时土壤湿度以保持田间持水量的 65%～70% 为宜。若此时土壤湿度低于 20%，应适量灌水，并及时中耕松土，灌水量宜小不宜大。

　　(4) 开花结荚期　该时期营养生长和生殖生长都很旺盛，并且这时气温高，蒸腾作用强烈，需水量猛增，是大豆生育期中需水量最多的时期，约占全生育期的45%。水分不足会造成植株生长受阻、花荚脱落，导致减产，此时期土壤水分不应低于田间持水量的65%~70%，以最大持水量的80%为宜。

（5）结荚鼓粒期　该时期大豆枝繁叶茂，耗水量大，是大豆需水的关键时期。充足的水分才能保证鼓粒充足，粒大饱满。此时缺水易发生早衰，造成秕粒，影响产量。此时期应保持田间持水量的70%~80%。但水分过多，会造成大豆贪青晚熟。

（6）成熟期　水分适宜，则大豆籽粒饱满，豆叶逐渐转黄、脱落，进入正常成熟过程，无早衰现象。若水分缺乏，则豆叶不经转黄即枯萎脱落，豆荚秕瘦，百粒重下降。但水分也不宜过多，否则对大豆成熟不利。此期间田间持水量以20%~30%为宜，可保证豆叶正常逐渐转黄、脱落，无早衰现象。

2. 大豆灌溉方式

大豆的水肥一体化管理是根据大豆的需水、需肥规律和土壤水分、养分状况，将肥料和灌溉水一起适时、适量、准确地输送到大豆根部土壤，供给大豆吸收。这主要是通过滴灌系统来实现的。滴灌是利用埋入土中的低压管道和铺设于行间的滴灌带将水或溶有某些肥料的溶液，经过滴头以点滴的方式缓慢而均匀地滴在大豆根际的土壤中，使根际土壤保持湿润。滴灌不同于沟灌等粗放灌溉方式，它只让水慢慢滴出，并在重力和毛细管的作用下进入土壤。它能根据大豆的需要和水分降低情况，调控土壤湿度，既有利于大豆生长，获得高产，又能提高水肥的利用效率（图7-5）。

二、大豆滴灌水肥一体化技术应用

1. 地块选择与施基肥

大豆要求土壤耕作层深厚，既要通透良好，又要蓄水保肥，地面应平整细碎，以质地为壤土或砂壤土地块最为适宜。土壤耕作要进行伏翻或秋翻，翻地深度28厘米。春整地时，因雨水少，春风多易失墒，应做到耙、耱、铺滴灌带、覆膜、播种、镇压、复式作

图 7-5 大豆滴灌水肥一体化技术应用

业。播种前整地应达到土壤"平、松、碎、净、墒、肥、齐"标准。前茬以玉米、打瓜、棉花等作物为宜。滴灌栽培对土壤的要求较低，因滴灌水流可使作物根系周围形成低盐区，有利于幼苗成活及作物生长，中度盐碱地可利用并且也能获得较高产量，因此土层深厚、土壤盐碱程度较轻、肥力中等以及土壤质地较差、养分较低的土地均可种植。

大豆幼苗生长需要充足的养分。因此播种前翻地时基施氮肥、磷肥、钾肥，促进幼苗生长和幼茎木质化较快形成，以利壮苗和抗病。一般每亩施复合肥 40 千克，折合纯氮 3.4 千克、纯磷 3.2 千克、纯钾 3.4 千克。

2. 播种

（1）播种时期　当 5 厘米土壤温度稳定达到 8℃以上时即可进行播种，不同地区应根据当地的气候条件确定具体的播种时期。

（2）种子处理　在播种前，种子要进行机械精选、人工粒选。用钼酸铵拌种，将钼酸铵 40 克溶解在 1.4～2.0 千克水中，然后用喷雾器喷在 10 千克种子上，边喷边拌，务求均匀，阴干后即可播种。如种子既拌药又拌钼酸铵，应先拌钼酸铵，阴干后再拌药粉。此外，选用大豆种衣剂进行拌种，对防治蛴螬、地老虎等地下害虫有很好的效果。

（3）播种方式　大豆滴灌栽培采用 60 厘米＋30 厘米宽窄行条播最佳，滴灌带铺设在两窄行之间，水分可有效地被根系吸收，以达到最佳节水效果。播种深度为 4～5 厘米，株距 6～7 厘米，播量每米下籽 18～20 粒。要求种子在播种沟分布均匀，减少断条，要求覆土严密、镇压确实。

3. 铺设滴灌带

大豆播种后应铺设滴灌带，建议选用单侧边缝迷宫式薄壁滴灌带。播种同时，滴灌带迷宫面朝上，铺设在窄行之间，一根滴灌带灌 2 行大豆。铺管、播种一次完成。滴灌带铺完后，每隔 5～6 米用碎土将其压一下，以防风吹。播种后可铺设支管，以便土壤墒情较差，可及时滴出苗水，以保证一播全苗。

4. 生育期水肥管理

（1）出苗期　大豆出苗期 5～7 天。此期间生育特点是种子吸水达自身重量的 140%，胚根和两片子叶长出。此期间主攻目标为苗全、苗齐、苗匀、苗壮。播后 1～2 天可滴出苗水，每亩约 15 米^3。

（2）幼苗期　幼苗期主攻目标是确保苗齐、苗壮。此期间水肥管理情况如下。

① 滴水施肥。根据天气情况，在 5 月底至 6 月初滴第一水，水量为 20～25 米^3/亩，并随水滴施尿素 3 千克/亩、磷酸二铵 2 千克/亩。

② 叶面追肥。大豆幼苗期追肥 1～2 次，可配合农药一起喷施。每次加尿素 200 克/亩。

（3）花芽分化期　花芽分化期主攻目标是植株健壮、花芽分化良好，叶面积稳步增加，土壤疏松有利根瘤菌生长。此期间水肥管理情况如下。

① 滴水施肥。花芽分化期是大豆需水需肥的临界期，需滴水 3～4 次。6 月下旬滴第二水，以后每隔 7 天滴水 1 次，水量为 30～35 米^3/亩；花芽分化前期随水滴施尿素 3.5 千克/亩、磷酸二铵 3

千克/亩；花芽分化中后期随水滴施尿素 4 千克/亩、磷酸二铵3～3.5 千克/亩。

② 叶面追肥。大豆开花前期，将钼酸铵用水稀释为 0.05%～0.1%的溶液，与磷酸二铵 150 克/亩、尿素 100 克/亩配合喷雾。每隔 7 天 1 次，连续 2～3 次，正反叶面都喷湿润，扩大吸收面，增时吸收，提高肥效。

(4) 鼓粒期　鼓粒期主攻目标是根深叶茂、花多荚多，防止徒长，防止郁蔽和倒伏。此期间浇水量、施肥量不宜过多，防止大豆徒长、倒伏，所以鼓粒期滴水 4 次，每次间隔 7 天左右，水量为 25～30 米³/亩，并随水滴施尿素 4 千克/亩、磷酸二铵 3 千克/亩。

(5) 成熟期　成熟期主攻目标为保根、护叶，增荚、增粒，提高粒重。该期间可滴水 3 次，每次间隔 7 天左右，滴水量为 25～30 米³/亩，并随水滴施尿素 3 千克/亩、磷酸二铵 2 千克/亩。收获前停止滴水。

第八章　经济作物水肥一体化技术应用

我国地域广阔，种植的经济作物种类繁多，主要有纤维作物（棉花、黄麻、红麻、苎麻、亚麻等）、油料作物（油菜、花生、芝麻、向日葵等）、糖料作物（甘蔗、甜菜）、奢好类作物（烟草、茶叶等）。其中，棉花、油菜、烟草、茶叶等作物水肥一体化技术应用较为广泛。

第一节
棉花水肥一体化技术应用

全国棉区由南向北、自东向西依次划分为五大棉区，即华南棉区、长江流域棉区、华北棉区、北部特早熟棉区和西北内陆棉区。我国棉花种植主要集中在黄河流域、长江流域和西北内陆三个棉区。新疆、山东、河南、江苏、河北、湖北、安徽七省区是我国的主要产棉地，种植面积和产量约占全国的85％。棉花需水、需肥量大，发展节水、节肥的水肥一体化技术已成为棉花产业优质增效的首要选择，也是实现农业增效、农民增收、农业可持续发展的重大举措（图8-1）。

一、棉花需水规律与灌溉方式

1. 棉花需水规律
棉花是直根系作物，主根入土较深，虽比较耐旱，但由于生长

图 8-1　棉花膜下滴灌水肥一体化技术

期长，枝多叶大，生长盛期正值炎热季节，所以耗水量较多。土壤水分长期不足时，植株矮小，叶小、色暗、无光泽，早衰，蕾铃脱落增加。棉花不同生育期适宜的田间持水量不同，幼苗期和现蕾期为 60%～70%，开花结铃期为 70%～80%，吐絮期为 55%～70%。一般在西北地区，土壤含水量低于田间持水量的 60%～65%时就应灌溉。棉株一生耗水量因产量、气候以及农业技术不同而有相当大的差异，一般随着产量的提高需水量也要增加。棉花每生产 1 千克籽棉需水 1.4～3 米^3。西北地区棉花苗期日耗水量为 2.1～2.3 毫米，该阶段耗水占全生育期总耗水量的 12%～15%；蕾期日耗水量 3.3～4.5 毫米，该阶段耗水量占全生育期总耗水量的 12%～20%；花铃期 6.0～9.0 毫米，该阶段耗水量占全生育期耗水量的 50%～60%；吐絮期日耗水量 2.3～3.3 毫米，该阶段耗水量占全生育期耗水量的 10%～20%。

2. 棉花灌溉方式

棉花水肥一体化技术适宜的灌溉方式主要是膜下滴灌水肥一体化技术。水肥一体化技术所需肥料必须是水溶性肥料（可用肥料有尿素、硝铵磷、硝硫基复合肥、硫酸钾等），所施肥料全部随水滴施，实施水肥同步，"少吃多餐"，按棉花生长发育各阶段对养分的需要合理供应，使化肥通过滴灌系统直接进入棉花根区，达到高效利用的目的。

二、新疆棉花膜下滴灌水肥一体化技术应用

1. 新疆膜下滴灌棉花测土施肥配方

棉花采用膜下滴灌技术，可以在每次滴灌时分次追肥，能够有效减少氮素损失，且肥料集中施在棉株根部，吸收利用效率很高，可提高肥料利用率。

（1）氮素实时监控 基于目标产量和土壤硝态氮含量的棉花氮肥基肥用量如表 8-1 所示，棉花氮肥追肥用量如表 8-2 所示。

表 8-1 棉花氮肥基肥推荐用量 单位：千克/亩

土壤硝态氮	目标产量/（千克/亩）				
	120	140	160	180	200
90	3.1	4.0	4.8	5.6	6.4
120	2.7	3.6	4.5	5.4	6.3
150	2.1	3.1	4.0	4.9	5.8
180	1.5	2.5	3.5	4.4	5.4
210	0.8	1.8	2.8	3.9	4.9

表 8-2 棉花氮肥追肥推荐用量 单位：千克/亩

土壤硝态氮	目标产量/（千克/亩）				
	120	140	160	180	200
90	12.5	15.7	19.1	22.4	25.7
120	10.8	14.4	18.0	21.6	25.1
150	8.4	12.1	15.9	19.5	23.3
180	6.0	9.9	13.8	17.7	21.6
210	3.2	7.3	11.3	15.3	19.4

（2）磷肥恒量监控　基于目标产量和土壤速效磷含量的棉花膜下滴灌磷肥推荐用量如表 8-3 所示。

表 8-3　土壤磷素分级及棉花膜下滴灌磷肥（五氧化二磷）推荐用量

产量水平/(千克/亩)	肥力等级	有效磷/(毫克/千克)	磷肥用量/(千克/亩)
100	极低	<10	8
	低	10~15	7.3
	中	15~25	6.3
	高	25~40	5.7
	极高	>40	4.7
.130	极低	<10	10
	低	10~15	9
	中	15~25	8
	高	25~40	7.3
	极高	>40	6
160	极低	<10	11.3
	低	10~15	10.7
	中	15~25	9.3
	高	25~40	8
	极高	>40	6.7

（3）钾肥恒量监控　基于土壤有交换性钾含量的棉花膜下滴灌钾肥推荐用量如表 8-4 所示。

表 8-4　土壤交换性钾含量的棉花膜下滴灌钾肥（氧化钾）推荐用量

肥力等级	交换性钾/(毫克/千克)	钾肥用量/(千克/亩)
极低	<90	10
低	90~180	6
中	180~250	4

续表

肥力等级	交换性钾/(毫克/千克)	钾肥用量/(千克/亩)
高	250～350	2
极高	>350	0

（4）中微量元素　主要是锌、硼等微量元素（表8-5）。

表8-5　棉花膜下滴灌微量元素临界指标及基施用量

元素	提取方法	临界指标/(毫克/千克)	基施用量/(千克/亩)
锌	DTPA	0.5	硫酸锌1～2
硼	沸水	1	硼砂0.5～0.75

2. 棉花水肥一体化技术滴灌方式

（1）苗期　播后根据天气预报，如果以后将连续几天天气晴好，可抓紧时间滴出苗水，滴水量20米³/亩。滴水后2～3天，用细土封穴，覆土厚度1～2厘米，防止水分从播种穴散失和抑制杂草生长。此阶段需水量不多，需水量仅占全生育期总需水量的15%以下，适于棉苗生长的1米土层持水量保持55%～65%为宜。新疆棉区一熟棉区在搞好棉田播种前储水灌溉后，土壤水分适宜，不必进行灌溉。

（2）蕾期　棉花现蕾后，气温逐渐升高，生育进程加快。需水量渐多，此阶段需水量占全生育期总需水量的20%左右。适于棉株生长的1米土层持水量为60%～70%。新疆棉区6月下旬，盛蕾期浇头水，由于蒸发量大，每亩灌水定额应增至60米³左右。

（3）开花结铃期　棉花开花后生长与发育两旺，耗水量大，是生育期的需水高峰，此阶段需水量占总需水量的一半左右。1米土层持水量为70%～80%，低于60%时即需灌溉。新疆棉区花铃期需灌溉2～3次，每次间隔20天左右，每亩灌水定额60～70米³。

（4）吐絮期　棉花整个吐絮期耗水量占总需水量的10%～20%。1米土层持水量保持在65%左右为宜。新疆棉区停水期一般在 8 月下旬末。

3. 棉花水肥一体化技术滴肥方式

（1）苗期管理阶段　此期间给水 1～2 次，总定额 20～30 米³/亩（注意：一膜二管水原则为少量多次，一膜一管较之则为多量少次）。随水施肥总定额氮（N）0.6～0.8 千克/亩，磷（P_2O_5）0.2～0.3 千克/亩，钾（K_2O）0.3～0.6 千克/亩（可折施尿素、磷酸二氢钾，或喷滴灌专用肥，要保证可溶）。

（2）蕾期管理阶段　蕾期营养体生长较快，干物质积累多，叶面蒸腾加快，因此要加强水肥的供给。此期滴水 2～3 次，总定额 50～60 米³/亩。随水施肥总定额氮（N）1.5～2.5 千克/亩，磷（P_2O_5）0.6～0.7 千克/亩，钾（K_2O）0.8～1.2 千克/亩。

（3）花铃期管理阶段　此期间棉株正处于营养生殖生长旺盛时期，植株蒸腾快，缩短灌水周期，隔 7～8 天滴 1 次，共滴水 4～6 次，总定额 100～120 米³/亩。随水施肥总定额氮（N）9～11 千克/亩，磷（P_2O_5）3～3.5 千克/亩，钾（K_2O）6～8 千克/亩。

（4）吐絮期管理　此期间棉株吸收养分较少，但为防止早衰应适时补水补肥，灌水 1～2 次，总定额 15～30 米³/亩。随水施肥氮（N）0.2～0.3 千克/亩，磷（P_2O_5）0.4～0.6 千克/亩，钾（K_2O）0.6～0.7 千克/亩。

4. 水肥一体化技术棉花采摘收获

大面积收获棉花基本在每年 9 月 10 日左右，棉花收完后进行 1 次茬灌，保证平整土地顺利。茬灌溉结束后将滴灌系统的支管、辅管、闸阀拆收。干支管及配件拆收后及时冲洗干净，盘卷入库以备下年使用。

三、黄河流域棉花膜下滴灌水肥一体化技术应用

1. 棉花水肥一体化技术滴灌方式

（1）苗期　播后根据天气预报，如果之后将连续几天天气晴好，可抓紧时间滴出苗水，滴水量 20 米³/亩。滴水后 2～3 天，用

细土封穴，覆土厚度 1～2 厘米，防止水分从播种穴散失和抑制杂草生长。此阶段需水量不多，需水量仅占全生育期总需水量的 15% 以下，适于棉苗生长的 1 米土层持水量保持 55%～65% 为宜。黄河流域一熟棉区在搞好棉田播种前储水灌溉后，土壤水分适宜，不必进行灌溉。

（2）蕾期 棉花现蕾后，气温逐渐升高，生育进程加快。需水量渐多，此阶段需水量占全生育期总需水量的 20% 左右。适于棉株生长的 1 米土层持水量为 60%～70%。黄河流域棉区棉花蕾期常遇干旱，及时灌溉是增产的关键。每亩灌水定额以 30 米³ 左右为宜。

（3）开花结铃期 棉花开花后生长与发育两旺，耗水量大，是生育期的需水高峰，此阶段需水量占总需水量的一半左右。1 米土层持水量为 70%～80%，低于 60% 时即需灌溉。黄河流域棉区棉花盛花期进入雨季，但在进入雨季前降水常偏少，需适时适量灌溉，搭好丰产架子，每亩灌水定额 30～40 米³。

（4）吐絮期 棉花整个吐絮期耗水量占总需水量的 10%～20%。1 米土层持水量保持在 65% 左右为宜。黄河流域棉区 8 月中下旬后气候较干燥，若秋旱时间长，停水期可以延至 9 月上旬，适时适量灌溉对防早衰、保伏桃、争秋桃效果显著，每亩灌水定额 25～30 米³。

2. 棉花水肥一体化技术滴肥方式

（1）苗期管理阶段 此期间给水 1～2 次，总定额 15～30 米³/亩（注意：一膜二管水原则为少量多次，一膜一管较之则为多量少次）。随水施肥总定额氮（N）0.6～0.8 千克/亩，磷（P_2O_5）0.2～0.3 千克/亩，钾（K_2O）0.3～0.6 千克/亩（可折施尿素、磷酸二氢钾，或喷滴灌专用肥，要保证可溶）。

（2）蕾期管理阶段 蕾期营养体生长较快，干物质积累多，叶面蒸腾加快，因此要加强水肥的供给。此期滴水 2～3 次，总定额 25～30 米³/亩。随水施肥总定额氮（N）1.0～2.0 千克/亩，磷

（P_2O_5）0.3～0.5 千克/亩，钾（K_2O）0.5～0.8 千克/亩。

（3）花铃期管理阶段　此期间棉株正处于营养生殖生长旺盛时期，植株蒸腾快，缩短灌水周期，隔 10～15 天滴 1 次，共滴水 2～3 次，总定额 50～60 米³/亩。随水施肥总定额氮（N）4～6 千克/亩，磷（P_2O_5）1.5～2.0 千克/亩，钾（K_2O）3～4 千克/亩。

（4）吐絮期管理　此期间棉株吸收养分较少，但为防止早衰，应适时补水补肥，灌水 1～2 次，总定额 15～30 米³/亩。随水施肥氮（N）0.2～0.3 千克/亩，磷（P_2O_5）0.4～0.6 千克/亩，钾（K_2O）0.6～0.7 千克/亩。

3. 水肥一体化技术棉花采摘收获

大面积收获棉花基本在每年 9 月 20 日左右，棉花收完后进行 1 次茬灌，保证平整土地顺利。茬灌溉结束后将滴灌系统的支管、辅管、闸阀拆收。干支管及配件拆收后及时冲洗干净，盘卷入库以备下年使用。

四、甘肃省棉花滴灌水肥一体化技术应用

1. 甘肃省石羊河、黑河流域棉花膜下滴灌水肥一体化技术应用

表 8-6 是按照微灌施肥制度的制定方法，在甘肃省石羊河、黑河流域棉花膜下滴灌栽培经验的基础上总结得出的棉花滴灌施肥制度。

表 8-6　甘肃省石羊河、黑河流域棉花膜下滴灌施肥制度

生育时期	灌溉次数	灌水定额 /[米³/(亩·次)]	每次灌溉加入的纯养分量/(千克/亩)				备注
			N	P_2O_5	K_2O	N+P_2O_5+K_2O	
冬前	1	150					小畦灌
现蕾期	1	35	3.7	0	0	3.7	滴灌
花铃期	1	30	1.4	0	2.5	3.9	滴灌

续表

生育时期	灌溉次数	灌水定额/[米³/(亩·次)]	每次灌溉加入的纯养分量/(千克/亩)				备注
			N	P_2O_5	K_2O	$N+P_2O_5+K_2O$	
	1	30	1.4	0	0	1.4	滴灌
吐絮期	1	30	0	0	0	0	滴灌
合计	5	275	16.1	6.9	7.5	30.5	

应用说明如下。

① 本方案适宜于年降水量在 200 毫米以下的西北干旱地区。土壤类型为灌漠土，质地为壤土，土层深厚，土壤 pH 值为 8，速效钾含量 168 毫克/千克。棉花种植模式采用一膜二管四行，不起垄，平作。宽窄行（窄行 20 厘米，宽行 60 厘米）间植，保苗 18000～23000 株。籽棉目标产量 300～350 千克/亩。

② 10 月底至 11 月上旬灌安冬水，灌水方式为小畦灌，每亩灌水量 150 米³，起到冬季蓄墒洗盐的效果。

③ 播种前施基肥，每亩施有机肥 4000 千克，另施氮肥（以 N 计）9.6 千克、磷肥（以 P_2O_5 计）6.9 千克、钾肥（以 K_2O 计）5 千克。化学肥料可选用磷酸二铵 15 千克/亩、尿素 15 千克/亩、硫酸钾 10 千克/亩。

④ 棉花现蕾期滴灌施肥 1 次，肥料品种可选用尿素 8 千克/亩；花铃期滴灌施肥 2 次，第一次肥料品种可选用尿素 3 千克/亩、硫酸钾 5 千克/亩，第二次选用尿素 3 千克/亩。

⑤ 参照灌溉施肥制度表提供的养分数量，可以选择其他的肥料品种组合，并换算成具体的肥料数量。

2. 甘肃省疏勒河流域棉花膜下滴灌水肥一体化技术应用

表 8-7 是按照微灌施肥制度的制定方法，在甘肃省疏勒河流域膜下滴灌栽培经验基础上的棉花滴灌施肥制度。

表 8-7　甘肃省疏勒河流域棉花膜下滴灌施肥制度

生育时期	灌溉次数	灌水定额/[米³/(亩·次)]	每次灌溉加入的纯养分量/(千克/亩)				备注
			N	P_2O_5	K_2O	$N+P_2O_5+K_2O$	
冬前	1	220	0	0	0	0	大水漫灌
现蕾初期	1	20～25	0	0	0	0	滴灌
现蕾盛期	2	20～25	1.4	0.1	0.1	1.6	滴灌
花铃初期	1	25～30	1.8	0.2	0.1	2.1	滴灌
花铃中期	1	25～30	1.4	0.2	0.1	1.7	滴灌
花铃中后期	2	25～30	0.9	0.2	0.1	1.2	滴灌
花铃后期	1	25～30	1.4	0.2	0.1	1.7	滴灌
吐絮期	3	20～25					滴灌
合计	12	465～520	21.2	5.0	0.7	26.9	

应用说明如下。

① 本方案适宜于年降水量小于 50 毫米的干旱地区。土壤类型为灌淤土，土层浅薄或中下部土壤颗粒较粗，灌溉后淋洗作物强烈，漏水漏肥，表层水分容易散失，作物易受旱。土壤 pH 值为 8，速效钾含量 170 毫克/千克。棉花密度为每亩 1.1 万～1.3 万株，采用一膜二管四行，宽窄行（窄行 30 厘米，宽行 50 厘米）间植，毛管置于 30 厘米窄行中。籽棉目标产量 350～400 千克/亩。

② 冬前灌水 220 米³/亩，起到冬季蓄墒洗盐的效果。

③ 播种前施基肥，每亩施农家肥 4000～5000 千克，另施氮肥（以 N 计）12 千克、磷肥（以 P_2O_5 计）3.8 千克。化学肥料可选用尿素 3～5 千克和磷酸二铵 18～25 千克。

④ 现蕾期滴灌 3 次，平均 9～10 天滴灌 1 次，其中滴灌施肥 2次，每次肥料可选用尿素 3 千克/亩、磷酸二氢钾 0.4 千克/亩。花铃期滴灌施肥 5 次，肥料可用尿素，用量分别为 3.9 千克/亩、3

千克/亩、2 千克/亩、2 千克/亩和 3 千克/亩；磷酸二氢钾每次 0.4 千克/亩。吐絮期滴灌 3 次，不施肥。

⑤ 参照灌溉施肥制度表提供的养分数量，可以选择其他的肥料品种组合，并换算成具体的肥料数量。

第二节
油菜水肥一体化技术应用

油菜，又叫油白菜、苦菜，十字花科、芸薹属植物。油菜生产广泛分布于全国各地，是长江流域、西北地区的主要农作物。油菜按农艺性状可分为白菜型油菜、芥菜型油菜和甘蓝型油菜，目前我国种植的油菜多为甘蓝型油菜。我国长江流域多种植冬油菜，秋季播种，翌年夏季收获；东北、西北、青藏高原地区多种植春油菜，春、夏播种，夏、秋收获。

一、油菜需水规律与灌溉方式

1. 油菜需水规律

油菜是需水较多的作物。据测定，油菜全生育期需水量一般在 300~500 毫米，折合每亩田块需水 200~300 米^3，其不同的生育时期由于生育特点以及外界环境条件的不同，对水分的需求特点也不相同。

（1）苗期　据试验，油菜苗期最适宜土壤水分为田间持水量的 70%~80%。北方的白菜型油菜需水量较小，土壤湿度在 20% 左右为宜；甘蓝型油菜需水量大，应保持在 25% 左右。油菜在移栽后，由于断根伤叶，吸收能力降低，处于萎蔫状态，如果水分缺乏，不仅不利于生根长叶，恢复生长，形成壮苗，而且抗逆性严重减弱。因此油菜移栽后要及时灌水，促使其早生根、早缓苗、早生长。

（2）薹花期　薹花期是油菜生长发育最旺盛的时期。薹花期适宜的土壤湿度应保持田间持水量的 $75\%\sim85\%$。此期主茎迅速伸长，随着分枝的抽伸，叶面积日渐增大，叶面蒸腾量也相应增加，花序不断增长，边开花，边结角。这个时期的水分状况对油菜单位面积产量影响很大。

（3）角果发育期　油菜终花期后，虽然主茎叶和分枝叶逐渐衰老，叶面积日渐减少，吸水和蒸腾作用减弱，但由于角果增大，角果皮的光合作用在一定时期内日益加强，所以仍需保持土壤有适宜的水分状态，以保证光合作用的正常进行和茎叶营养物质向种子中转运，促进增粒、增重。但土壤水分过多，会使根系发生渍害，引起根系早死，影响灌浆和油分积累，导致产量和品质降低。此期最适宜土壤水分为田间持水量的 $60\%\sim70\%$。

2. 油菜水肥一体化技术灌溉方式

油菜水肥一体化的灌溉方式可选择滴灌。采用滴灌时，滴灌器间距在 $30\sim50$ 厘米，砂土可取 30 厘米，壤土取 $30\sim40$ 厘米，黏土取 $40\sim50$ 厘米。毛管间距可依据作物间距、土壤质地灌水量确定，一般在 $60\sim100$ 厘米。如对宽窄行种植方式，可在 2 行中间与作物平行布设一条毛管，控制 2 行油菜，毛管间距设为 80 厘米；而宽行窄株方式按 2 行设置一套行管，则毛管间距设为 66 厘米。根据油菜行距确定的毛管间距可根据土壤质地和滴灌器流量进行调整。砂土上的毛管间距可近一些，而黏土的毛管间距可适当加大。滴灌器的流量一般可设为 $2\sim4$ 升/小时，根据土壤质地进行调整，壤土一般不超过 3 升/小时，砂土在 $3\sim4$ 升/小时。滴灌管可采用直径 16 毫米、壁厚 0.6 毫米的 PE 管，滴灌的工作水压一般设定为 10 米。

二、油菜水肥一体化技术的灌溉制度

油菜不同生长阶段的需水特性以及降雨量都有所不同，因此每个生育期的需水量都有所差异，在确定灌溉制度如灌溉定额、灌水定额、灌水次数和灌溉周期时，需要考虑油菜生长期、土壤和气象条件等因素。

1. 灌水定额

油菜各生育期灌水定额结果见表8-8。

表8-8 油菜各生育期灌水定额

生育期	苗期	蕾薹期	开花期	成熟期
灌溉定量/毫米	14.0	27.9	23.3	18.6

2. 灌溉次数

油菜各生育期的灌溉次数分别为苗期8.4次、蕾薹期4.2次、开花期3.3次、成熟期0.2次。实际应用中，各生育期的次数可调整为苗期8次、蕾薹期4次、开花期和成熟期合并，在开花期灌水3～4次。整个油菜生育期的灌溉次数为15～16次。

3. 灌溉制度

油菜的灌溉制度见表8-9。

表8-9 油菜水肥一体化技术的灌溉制度

生育期	灌溉次数	灌水定额/[m³/(亩·次)]	备注
定植前	1	9.3	沟灌
苗期	7	9.3	滴灌
蕾薹期	4	18.6	滴灌
开花期	4	15.5	滴灌
成熟期	0	0	合并到开花期灌溉
合计	16	210.8	

三、油菜水肥一体化技术施肥制度

将油菜滴灌制度和施肥制度耦合，即成油菜水肥一体化应用方案（滴灌施肥方案，表8-10）。露地栽培的油菜采用滴灌时，利用公式计算出的灌溉制度并不一定适合当地的条件，应根据气候状况、土壤质地和作物长势进行调整，而施肥制度则可根据当地的油菜目标产量、土壤养分状况、有机肥施用等进行调整。鉴于苗期、薹蕾期和开花期每次灌溉的肥料施用量相对较少的情况，可适当减少施肥次数，增加每次灌溉时加入的肥料量。

表 8-10   油菜水肥一体化技术应用方案

生育期	灌溉次数	灌水定额/[米³/(亩·次)]	每次灌溉加入的纯养分量/(千克/亩)				备注
			N	P_2O_5	K_2O	合计	
定植前	1	9.3	2.25	2.30	1.14	5.69	沟灌
苗期	7	9.3	0.27	0.07	0.12	0.46	滴灌
蕾薹期	4	18.6	0.66	0.20	0.64	1.50	滴灌
开花期	4	15.5	0.19	0.30	0.29	0.78	滴灌
合计	16	210.8	7.5	4.8	5.7	18.0	

在水肥一体化条件下，油菜各个生育期的施肥量应分配到每次灌溉中去。将各生育期施肥量除以灌溉次数，便得到每次施肥的纯养分量。施肥方案还应包括所选肥料的品种以及肥料用量和肥液的配置等。可参考表 8-10 中各生育期氮、磷、钾养分的比例，选择适合的复合肥或按照本文相关章节配置氮磷钾储备液。油菜栽培所需的有机肥一般全部作基肥施用，也可 80% 作基肥、20% 作腊肥追施。此外，应视土壤硼的丰缺状况确定是否施硼肥以及如何施硼肥。严重缺硼土壤需隔年基施 1 次硼肥，在油菜移栽时穴施施用量为 0.5~1 千克/亩；在一般性缺硼土壤，当季用 0.1%~0.2% 的硼肥水溶液或增效硼肥、液体硼肥在油菜苗期和蕾薹期各喷 1 次。

第三节
甘蔗水肥一体化技术应用

甘蔗，甘蔗属，多年生高大实心草本，根状茎粗壮发达。我国台湾、福建、广东、海南、广西、四川、云南等南方热带地区广泛种植。甘蔗适合栽种于土壤肥沃、阳光充足、冬夏温差大的地方。甘蔗是温带和热带农作物，是制造蔗糖的原料，且可提炼乙醇作为能源替代品。

一、甘蔗需水规律与灌溉方式

1. 甘蔗需水规律

甘蔗一生需水量很大，茎部含水量多，幼嫩时期含水量最多，一般可达85%～92%，而到成熟期含水70%左右，干物质含量约30%。根部是甘蔗吸收水分的主要器官，但吸收的水分90%以上会通过叶片气孔蒸腾作用散失到体外。

幼苗期到分蘖期占全生育期的15%～20%；植株在伸长期长势快，需水量最大，占全年生育期需水量的55%～60%；成熟期占全生育期的20%～25%。甘蔗需水规律是典型的"两头少，中间多"。据广东、广西试验结果表明，每生产1千克原料甘蔗耗水量85～210千克。单位产量耗水量的多少与气候、土壤、生长期长短、产量高低及不同的灌溉方式等有密切的关系。由于我国甘蔗区降雨时间和降雨量较集中，土壤蓄水和保水能力差，秋冬旱发生较严重，近年来，春旱夏旱也时有发生，且有逐渐变重的趋势，因此，年降雨是否均匀成为决定甘蔗产量的一个重要因素，所谓"肥是甘蔗的劲，水是甘蔗的命"。

2. 甘蔗的水肥一体化技术灌溉方式

甘蔗的水肥一体化管理主要是指根据甘蔗的需水、需肥规律和土壤中水分、养分状况，将肥料和灌溉水一起适时、适量、准确地输送到甘蔗根部土壤，供给甘蔗吸收。因甘蔗植株较高，且收割过程中易对管线造成损坏，因此，目前甘蔗水肥一体化主要采取的方式是地埋式滴灌技术（图 8-2）。

图 8-2　广西扶绥县甘蔗水肥一体化技术示范

　　甘蔗地埋式滴灌技术的优点如下。第一，节水效果好。滴管掩埋于泥土之下，大大减少了传统灌溉蔗田所造成的水分蒸发量，提高了水分利用率，与传统灌溉相比，可节约 30％～60％ 的水分。第二，提高甘蔗产量和品质。滴灌系统掩埋于土下，可以使土层结构在不被破坏、土表不板结的情况下，较好地满足甘蔗需求，从而利于根系生长发育，使甘蔗生长快，茎径粗壮，有效茎多，糖分积累速度快，成熟期短。第三，提高肥效利用率。在我国，大部分蔗田都是旱坡地，因而在这些地块进行滴灌尤为明显，在甘蔗生产中运用滴灌施肥技术，肥料利用率高达 90％，是常规的 3～4 倍。第四，节地省工。甘蔗田滴灌装置为地埋式，因而减少了沟埂占地，可提高土地利用率 5％～10％。另外，甘蔗株高叶茂，人工施肥喷药强度大、用工多，通过滴灌施肥和药，可使肥料或农药与水融合通过毛管均匀滴到甘蔗根部，大大降低了劳动强度。

二、甘蔗地埋式滴灌水肥一体化技术应用

1. 水源选择

在甘蔗生产过程中，采用地埋式滴灌施肥，有一个能够保证充足供应的水源非常重要，因而，在前期要做好详尽的规划设计。采用该技术的甘蔗种植区，最好附近有自然水体，如河流或者水库，如果没有，在打水井时要选好施工队，保证打出的水井能提供足够的水量，使用时间至少要满足 10 年以上，这是滴灌技术的首要条件。

2. 滴灌设备安装及播种

滴灌设备的安装要在播种之前保质保量地完成，如果安装不能顺利进行，则会影响后期的播种。另外，播种也要及时，以免错过最佳播种期。

3. 滴灌系统安装注意事项

整个地埋式滴灌系统中，毛管是最重要的设施，因为要连续使用若干年，水肥一体化过程中容易造成堵塞，地下的害虫也可能咬破管线，在甘蔗收割过程中，人为弄坏的现象也比较常见。因而，在安装过程中一定要严格按照要求埋在地面下 20 厘米处，避免地面上有裸露的管线。在毛管铺设前，确保相关水源及水泵安装好，毛管网铺设完成后及时供水，防止管线被害虫咬坏。有条件的进行施药，降低虫害。甘蔗收割过程中，注意保护管网。在处理甘蔗叶时，严禁火烧，可以使其腐烂后作肥用。甘蔗田要预留运输通道，以免碾压导致毛管网破裂。

另外，经常对管线进行冲洗是防止设备堵塞、延长寿命的主要方法，有条件的还可以利用化学物质缓解输水设施堵塞的情况。

4. 甘蔗品种及肥料品种的选择

滴灌设施的管线铺设完成后，一般要使用 5 年以上，因而，在

选择甘蔗品种的时候要谨慎，选择适合本地气候和地理条件的品种，特别是宿根性好的品种。在肥料的选择上，尽量选择那些水溶性好的肥料，如尿素、磷酸二氢钾等。施用复合肥时，尽量选择完全速溶性的专用肥料，确实需要施用不能完全溶解的肥料时，必须先把肥料在盆或桶等容器内溶解，待沉淀后，上部溶液倒入施肥罐进入滴灌系统，剩余残渣施入土中，有条件的情况下可以选择一些溶解性较好的缓/控释肥料进行施用，速效缓效结合提高供肥效果。另外，一般将有机肥和磷肥作基肥使用，因为有的过磷酸钙只是部分溶解，从而易堵塞喷头。甘蔗是喜钾植物，且在伸长期需肥量最大，所以在肥料的配比上，适当提高钾肥比例，在伸长期增加施肥量。

5. 后期管理

甘蔗出苗后，蔗田杂草生长旺盛，使用除草剂既能杀灭杂草又不伤害蔗苗，是理想的除草时机。如果是一年生杂草种子繁殖的杂草，可选用 20％甲基砷酸二钠可湿性粉剂，用量约 2250 克，兑水 75～100 千克/亩，喷于蔗田杂草的茎叶上，数天后杂草死亡，而对甘蔗叶片药害很轻。进行叶面喷雾，可以取得较好的防除效果。如果采用锄地法处理田间杂草，则需注意对毛管网产生机械损伤。对于甘蔗病虫害的防治，可采用将农药与水肥一体化供给与常规适量喷洒相结合的方法进行防治。

6. 采收

斩蔗质量关系甘蔗收获质量的好坏，对宿根蔗的生长影响很大。斩蔗应选用锋利的工具。斩蔗要快，使砍切口平整，蔗头不破裂。并实行小锄低砍，适当入土，以保持蔗头 7～10 厘米为宜。若留头过高，高位芽易萌发，而影响基部芽（过底笋）的萌发，造成发株弱。在立春前砍收的留宿根蔗田，要留秋冬笋以养蔗头，但到春暖后应斩去，使宿根蔗发株整齐。在立春后砍收的留宿根蔗田，应采用"一扫光"斩掉秋冬笋，做到"回头看不见青"。3 月后砍收的，应小心保留粗壮的春笋。

在斩收后要及时清园，防止蔗叶长期覆盖蔗头，以免蔗头被冻沤坏发酸，影响发株。清园的方法有两种：一种是把蔗叶留在田中，另一种是把蔗叶全面清出田外。清出田外的蔗叶，可放在地边堆积堆肥，待腐烂后作肥料回田；把蔗叶留在田中的，可把蔗叶隔行堆放于畦沟中，直接回田作肥，切忌在收获后将其晒干放火烧毁，这样容易对毛管网产生不利影响，进而影响使用年限。另外，在运送甘蔗时，也应避免相关机械对毛管网线的碾压，造成损坏。

第四节
茶树水肥一体化技术应用

我国有 4 大茶产区，即西南茶区、华南茶区、江南茶区和江北茶区。西南茶区（云南、贵州、四川及西藏东南部）是我国最古老的茶区；华南茶区（广东、广西、福建、台湾、海南）是我国最适宜茶树生长的地区，福建是我国著名的乌龙茶产区；江南茶区（浙江、湖南、江西、江苏、安徽等）是我国主要茶产区，以生产绿茶为主；江北茶区（河南、陕西、甘肃、山东等）也以生产绿茶为主。现有茶园面积约 126.23 万公顷，居世界第一位；茶产量约83.5 万吨，居世界第二位。

茶树生长周期长，茶园大多分布于高山丘陵地区，土壤保水保肥性差，灌溉施肥过程中极易造成水土流失，因而，茶叶生产过程中可采用水肥一体化节水灌溉技术。根据茶树生长的季节性，按茶树需要肥料的规律和地力水平、目标产量来确定总的施肥量、氮磷钾肥、基肥和追肥比例、施肥时期、肥料品种等，不同生长时期，结合养分的吸收规律进行分配，对于提高茶叶的品质和产量提高，减少肥料投入、省工省力、增收，减少肥料的大量流失、水体富营养化及农业面源污染、农田环境污染，改善农产品质量，提高农产品竞争力，发展无公害、绿色和可持续农业，以及茶叶生产区生态平衡都有很好的现实意义（图 8-3）。

图 8-3　茶树微喷灌水肥一体化技术应用

一、茶树需水规律与灌溉方式

1. 茶树需水规律

茶树生育对温湿度的要求较高，它喜欢生长在温暖湿润的环境中，需水量较大，且要求水的分布与茶树各阶段的需水量相适应。据研究，茶树每生产 1 克干物质，需要蒸腾水量 300～385 克，一般要比其他木本植物需水量大；茶树经济产量的耗水量更大，据统计，每生产 1 千克鲜叶量，需要耗水近 800～1000 千克。但由于受气候条件、土壤肥力等生态环境与生育阶段以及田间栽培技术措施的影响，茶树的需水量差异也较大。

茶树需水量和当地气象因素的关系较密切。一般成龄茶园的需水量总是随着气温和蒸发量的提高而提高，这和茶树自身在一年中各阶段的生育进程及其机体天理代谢功能也是基本一致的。

茶树需水量随茶树树冠覆盖度增加而提高。覆盖度大，虽然土壤的蒸发量减少了，但茶树根深叶茂，蒸腾强度提高，产量增加，根系层的土壤水消耗量也增加，特别是在高温干旱季节表现更为突出。茶树需水量与土壤湿度呈正相关。在田间正常持水量范围内，土壤含水量多，土壤水势高，有利于促进茶树水分代谢，增加土壤表面的蒸发能力，使茶园日平均耗水量增加，这在旱季中灌溉茶园表现最为明显。

　　土壤水分是茶树生理与生态需水的主要来源，又是土壤肥力的重要组成部分，与茶树生育关系密切。茶树的芽叶生长强度、叶片形态结构及其内含物的生化成分等指标，均以土壤相对含水率80%~90%为最佳，而根系生长则以65%~80%为好。在适宜的土壤湿度下，茶树生长旺盛，体内含水量一般占全株重量的60%左右，幼嫩芽叶含水率可达80%左右，光合作用等生理代谢功能增强，物质代谢趋向合成，有利于体内干物质的积累，使芽叶萌发快、数量多、嫩度好、内含物丰富。特别是鲜叶中氨基酸与多酚类物质的增加，对形成香浓味醇的红绿茶品质都比较有利。但如果在旱季，当根系层土壤含水率降到田间持水量的60%左右，并伴有高温与干燥的空气时，茶树体内水分代谢很容易失调，叶细胞容易发生质壁分离，破坏细胞透性，叶绿体失去正常生理功能，光合作用受到抑制，物质代谢趋向分解，体内干物质的形成与积累减少，导致芽叶萌发生长受阻，鲜叶产量与品质均要下降。实践证明，凡旱季灌溉，使土壤湿度保持在田间持水量的70%~90%的茶园，无论是鲜叶还是加工后的成品茶，茶品质都有不同程度的提高，有的甚至比对照提高一个级，产量增加更显著，一般可比对照增加30%以上，经济效益较高。

　　但茶园土壤水分过多同样有害，会使土壤物理性状变劣，土壤空气减少，削弱茶树根系呼吸和吸肥、吸水能力。时间稍长，茶树新梢生长受到抑制，结果形成茶树湿害。

2. 茶树灌溉方式

　　降雨不足和空气相对湿度较低的茶叶生产地区，通常采用灌溉解决土壤水分不足和空气湿度低等问题。茶树一般采取喷灌、微喷灌和滴灌等灌溉方式，各种灌溉方式以滴灌方式最好。

　　研究表明，滴灌可以有效促进茶树新梢和叶片生长发育，提高茶叶品质。具体表现在以下几方面。一是节水效果明显。茶树水肥一体化技术节水节肥效果显著，较喷灌节水率可达 65%。二是灌水均匀，水土流失少。很适合山区茶园，滴灌可有效地控制每个喷头的出水量，灌水均匀度高，一般可达 80%～90%，水土流失少。三是能量消耗低。滴灌工作压力比喷灌低很多，因而抽水量减少，所要用的能量也相应地减少。四是适应性强。滴灌几乎可以适应任何复杂的地形。对于灌溉难度较大的山区茶园，有很好的适应性。五是增产效果显著。滴灌实现了肥水适时适量地向茶树根部的供给，在保持土壤湿度稳定的同时，不会造成土壤板结，茶树生长所需的水分和养分都得到了充分的供给，因而利于提高茶树产量和茶叶的品质。六是节省劳动力的投入。滴灌施肥便于自动控制，在节省劳动力投入、提高效率方面有着无可比拟的巨大优势。

二、茶树滴灌水肥一体化技术应用

1. 滴灌系统的组成

由水源、控制枢纽、输水管线和滴水器组成。

（1）水源　各种符合农业灌溉要求的无污染水源。

（2）控制枢纽　控制枢纽一般包括水泵、动力机、过滤器、化肥罐、调节装置等。

（3）输水管线　滴灌系统的输水管线一般由干、支、毛三级管线组成，干、支管一般为硬质熟料管（PVC/PE），毛管用软塑料管，因为茶园生产周期长，所以尽量选用质量好、经久耐用的管线。

（4）滴水器　它是在一定工作压力下，通过流道或空口将毛管中水流变成滴状或细流的装置，流量一般不大于 12 升/小时。

2. 肥料的选择

用于滴灌施肥系统施用的基肥包括多种化肥和有机肥。在追肥方面，可选择符合行业标准或国家标准的作物专用尿素、冲施肥、氯化铵、碳酸氢铵、硫酸钾、硫酸铵、氯化钾、磷酸二氢钾等可溶性肥料，应当注意滴灌追肥的肥料品种必须是可溶性肥料。这些肥料杂质较少、纯度较高，均可用作追肥，溶于水后不会产生沉淀。同时一般避免使用颗粒状复合肥，补充磷素一般采用追肥方式，补充微量元素的肥料一般不与磷肥同时施用。有条件的地区可以利用沼液和肥料结合对茶园进行灌溉，在提高茶叶产量和品质以及抑制茶树病虫害方面都有较好的效果。有研究表明，施用沼液可以明显促进茶树的营养生长，茶叶长势特别旺盛，不仅使整株茶叶树冠加大，而且茶叶显得格外嫩绿，使春茶采摘时间提前了 5 天，从而促使茶叶采摘量大大提高。

3. 茶园滴灌技术应用要点

（1）节水灌溉设备的正确选用　正确地选择节水灌溉设备是滴灌技术应用的关键。目前，市场上充斥着各类质量不一的滴灌设备。茶园生产周期较长，因而在选择过程中尽量选用使用寿命长、应用范围广、安装便利、检修方便的设备。

（2）合理设计和利用水源　水源是滴灌技术应用的先决条件。茶园附近的水源普遍存在水质较差、浑浊等特点，极易造成滴灌设备的堵塞，因而水源需要进行二次处理，通常在自然水源旁边建水池（按灌溉需要设计大小），将自然水源利用自流或者动力抽到水池中，进行二次澄清；或者安装节水过滤设备，对进入滴灌系统的水进行有效过滤，从而延长设备使用期限。

（3）合理设计管网的动力　滴灌系统以灌溉小区为基本单位，每个灌溉小区内的所有滴管总长度最好控制在 500 米左右。若干个灌溉小区组成轮灌区，并由支管连接来满足流量要求，灌溉时同时进行，若干个轮灌区与管道相连就形成了整个灌溉管网。在地势较为平缓的茶园，其压力、流量管网位置的计算安排相对容易，主要考虑轮灌区的大小。轮灌区小，轮灌次数多；轮灌区大，轮灌次数少。因此，在实际应用中，满足一次轮灌时间需水量的条件下，应尽量减少轮灌区面积，适当增加轮灌次数，以减少增大各管网口径、增加动力带来的成本。多是坡地、山区等复杂地形的茶园存在自然落差，单一系统动力如果不变，就无法同时满足上半山或下半山茶园灌溉所需的合理工作压力。因此，动力配置、小区划分有一定的特殊性。在茶园高差不超过 25 米时，可配置单一动力，动力满足最高处灌溉小区所需的合理工作压力的一半左右，将滴灌带总长度适当减少，下半山茶园灌溉小区的滴灌带适当增加，以缓减高差带来的额外压力。当茶园高差超过 25 米时，则可采用三种办法解决滴灌带子流压力不匀的问题：第一，根据等高线把茶园划分成不超过 15 米高差的上下几片，采用不同的动力和不同的管网分别实施供水；第二，划片后，用柴油泵控制动力大小，使用同一管网分片灌溉；第三，建立三级供水系统，在平地、小坡顶、山坡顶分别建造蓄水池，由蓄水池对合理压力范围内的作物进行自流灌溉。

（4）水肥药一体化　茶树在生长过程中，施用肥料是重要的措施。常规施肥一般采用热量散、随意性强且不均匀，由于土壤的固化及雨水的淋湿，吸收利用率较低。而滴灌可以直接把肥、药施于作物根际附近，便于准确控制剂量，提高肥料与农药利用率，节省生产投入。常用的氮肥和钾肥水溶解性好，可进行滴灌施肥；水溶性的防根系病虫害及叶面病虫害的农药也可采用滴灌系统防治。滴灌施肥药的方法有两种：第一，采用潜水泵为动力时，在水源附近建造蓄水池，体积为 2 米^3 左右，施肥、药时，先确定灌溉小区茶园所需的肥药数量，倒入蓄水池充分溶解，放满水后用潜水泵吸出，直接随滴灌系统作用于茶树，然后用清水进行灌溉；第二，采用离心泵为动力时，在供水系统的水管上方焊一支吸肥管（用阀门控制，管径 10 毫米左右），使用时，把肥药溶解在筒内，加适量清水，用皮管连接到吸肥管上，随滴灌系统作用于茶树。

（5）注意事项　定期维护、清洗过滤装置，防止滴灌管（带）、滴灌头（孔）堵塞，影响使用效果。施肥用药时要将肥料与农药充分溶解，并滤去杂质以保持滴灌系统正常运转，发挥良好功效。使用滴灌时，须在基肥中施足有机肥料，避免滴灌追肥后引起营养比例失调。保护好滴灌系统设备，尤其是滴灌管（带）、滴头及接头部件，以延长寿命，保证使用效果，发挥滴灌技术在农业生产上的增产增收作用。在滴灌的基础上叶面喷施微量元素水溶肥料，及时补充微肥元素，有利于促进幼茶生长，茶芽长、芽叶重、芽头多，产量高，效果好。

参 考 文 献

[1] 崔毅. 农业节水灌溉技术及应用实例 [M]. 北京：化学工业出版社，2005.

[2] 郭彦彪，李杜新，邓兰生，等. 自压微灌系统施肥装置 [J]. 水土保持研究，2008，15 (1)：261-262.

[3] 郭彦彪，邓兰生，张承林. 设施灌溉技术 [M]. 北京：化学工业出版社，2007.

[4] 何龙，何勇. 微灌工程技术与装备 [M]. 北京：中国农业科学技术出版社，2006.

[5] 李保明. 水肥一体化实用技术 [M]. 北京：中国农业出版社，2016.

[6] 李久生，张建君，薛克宗. 滴灌施肥灌溉原理与应用 [M]. 北京：中国农业科学技术出版社，2005.

[7] 李敬德，刘雪峰. 设施农业微灌施肥系统选型配套研究 [J]. 北京水务，2011 (1)：34-37.

[8] 罗金耀. 节水灌溉理论与技术 [M]. 武汉：武汉大学出版社，2003.

[9] 刘战东，肖俊夫，郎景波，等. 不同灌水技术条件下春玉米产量与经济效益分析 [J]. 节水灌溉，2011 (12)：19-22.

[10] 孟一斌，李久生，李蓓. 微灌系统压差式施肥罐施肥性能试验研究 [J]. 农业工程学报，2007 (3)：41-47.

[11] 彭世琪，崔勇，李涛. 微灌施肥农户操作手册 [M]. 北京：中国农业出版社，2008.

[12] 吴普特，牛文全. 节水灌溉与自动控制技术 [M]. 北京：化学工业出版社，2001.

[13] 徐坚，高春娟. 水肥一体化实用技术 [M]. 北京：中国农业出版社，2014.

[14] 徐卫红. 水肥一体化实用新技术 [M]. 北京：化学工业出版社，2015.

[15] 宋志伟，等. 粮经作物测土配方与营养套餐施肥技术 [M]. 北京：中国农业出版社，2016.

[16] 宋志伟，杨首乐. 无公害经济作物配方施肥 [M]. 北京：化学工业出版社，2016.

[17] 王克武，周继华. 农业节水与灌溉施肥 [M]. 北京：中国农业出版社，2011.

[18] 汪希成，汤莉，严以绥. 膜下滴灌棉花生产的经济效益分析与评价 [J]. 干旱地区农业研究，2004，22 (2)：112-117.

[19] 严程明，张承林. 玉米水肥一体化技术图解 [M]. 北京：中国农业出版社，2015.

[20] 严以绥. 膜下滴灌系统规划设计与应用 [M]. 北京：中国农业出版社，2003.

[21] 张承林，郭彦彪. 灌溉施肥技术 [M]. 北京：化学工业出版社，2006.

[22] 张承林，邓兰生. 水肥一体化技术 [M]. 北京：中国农业出版社，2012.

[23]　张承林，赖忠明．马铃薯水肥一体化技术图解［M］．北京：中国农业出版社，2015.

[24]　张亚丽．滴灌条件下青海春油菜需水需肥规律［J］．干旱地区农业研究，2015，33（4）：160-165.

[25]　张志新．大田膜下滴灌技术及其应用［M］．北京：中国水利水电出版社，2015.

[26]　张志新．滴灌工程规划设计原理与应用［M］．北京：中国水利水电出版社，2007.